云南自然地理学综合实践与指导

黄晓霞　陈俊旭　郭　芸　和克俭　主编

科学出版社

北　京

内 容 简 介

自然地理学综合实习是自然地理学相关课程中非常重要的教学环节。学生通过野外的实习与实践，才能将理论知识与实际的地理事物、现象联系起来。同时，学生也将通过对实习区域发生、发展中的自然地理学问题的进一步发现、理解与思考，形成进一步学习的认知基础，提高实践动手能力、综合思考能力和创新能力。

本书可以作为地理科学、自然地理与资源环境、人文地理与城乡规划、地理信息科学、环境科学、生态学等相关专业的本科生与研究生的参考书，也可以作为相关专业高校教师的教学参考用书。

图书在版编目(CIP)数据

云南自然地理学综合实践与指导 / 黄晓霞等主编. — 北京：科学出版社，2021.9

ISBN 978-7-03-066809-7

Ⅰ.①云… Ⅱ.①黄… Ⅲ.①自然地理学–高等学校–教材 Ⅳ.①P9

中国版本图书馆 CIP 数据核字 (2020) 第 221500 号

责任编辑：孟　锐 / 责任校对：彭　映
责任印制：罗　科 / 封面设计：墨创文化

科学出版社 出版

北京东黄城根北街16号
邮政编码：100717
http://www.sciencep.com

成都锦瑞印刷有限责任公司 印刷

科学出版社发行　各地新华书店经销

*

2021年9月第 一 版　　开本：787×1092 1/16
2021年9月第一次印刷　　印张：10
字数：237 000

定价：45.00 元
（如有印装质量问题，我社负责调换）

前　言

　　自然地理学综合实习类指导书是高等学校地理学专业、生态学专业、环境科学专业、农林和土壤等相关专业培养学生实践能力的重要教材,也可以作为资源与环境类相关学科的教学参考书。随着国内高等教育的发展,实践育人、科研育人和创新育人也被日益重视和强化。而地理学的实践与实习具有很强的区域特色,云南的自然地理环境空间差异大,格局复杂。云南大学地球科学学院(原资源环境与地球科学学院)自20世纪80年代开办地理类专业以来,一直都在开展自然地理综合实习。限于实习经费等原因,2005年将主要实习区域从省外调整到滇中哀牢山后,相应的实习指导书(内部印制)历经了2009版、2014版,最终形成了本书的主要内容。本书不仅是首批国家级一流本科课程"自然地理学"(指导教师:黄晓霞、易琦、和克俭、唐珉、陈俊旭)的实习与实践教学的主要参考,也是课程持续建设的重要内容之一。

　　学生参与自然地理学实习往往局限于认知课本上的理论知识与实际自然地理事物的联系,如何帮助学生在实践中总结和提炼升华学科知识是当前实习实践类教程可以努力的方向。本书除了实习准备和自然地理学综合认知实习这两部分与常规的地理学实习教材体系大体一致外,还结合国内外地理学野外实践的工作方法、思路,整理了实习设计的工作思路,并给出了结合实习区域实际问题的研究性综合实习的指导思路和选题建议。立足于自然地理学但不局限于自然地理学的研究性实习,围绕国家宏观战略、资源环境与社会发展热点问题,突出地理学区域性和综合性的学科性质,从地理学的视角,组织学生开展探索性和创新性的实习实践,重点思考和解决"做什么""怎么做"和"为什么做"的问题,以期达到"地理现象认识与地理科学理论结合,实验教学与科学研究结合,地理学科与相关学科结合,实习教学与社会需求结合"的目的。此外,书中还介绍了新仪器和手机App软件等新工具在野外实习中的应用,以期为相关专业师生更好地开展地理学实习提供帮助,从而进一步深化对科学研究或创新的思考。

　　本书的章节编写情况如下:第1、2章由和克俭和黄晓霞完成,第3章由黄晓霞完成,第4章由郭芸负责,第5章由陈俊旭负责,第6、7章由黄晓霞完成,第8章由黄晓霞、陈俊旭、郭芸、和克俭共同完成。全书由黄晓霞统稿。

　　本书参考了诸多资料,参考了云南大学、云南师范大学、云南省地理研究所、中国科学院昆明植物研究所等高校和科研机构长期在云南开展的调查与研究成果。在编写本书的过程中,得到了云南大学本科生院(原教务处)、云南大学地球科学学院的全力支持,特别是吴涧、谈树成、易琦、王岭云、王玉朝、高博、何云玲、唐珉、黄玥、赵文娟、蒋顺德、夏既胜、邓福英、田敏、赵筱青、袁俊鹏、戴静、赵志芳、周余国等多位老师的关心和帮助。除此之外,尚有多位专家给本书提出了建设性的意见和建议,此处未能逐一列出。云南大学地球科学学院李子晨、毛龙富、朱湄等硕士研究生参加了本书文献资料的收集和整理工作。在此一并表示诚挚的敬意与衷心的感谢！

限于作者知识水平和能力，以及学科交叉综合的特点，书中缺漏之处在所难免，恳请读者和同行批评指正。

编者

2021 年 2 月

目　录

第三部分　自然地理学研究性综合实习

第一部分

实 习 准 备

第1章 实习目的和主要过程

1.1 自然地理学实习的目的和意义

实地考察是地理学研究中不可或缺的部分。自然地理学实习是地理教学的重要组成部分，是地理学学科建设和发展的需要，是培养社会主义新型人才的重要环节，是全面贯彻执行党的教育方针的重要途径之一。开展自然地理学综合实习，通过对形成和改变环境的地理过程的探索，使用地理方法和工具协助解释地理现象，有助于加深学生对地理过程的理解，同时也符合地理学学科性质的要求。自然地理学综合实习不仅为学生提供了认识自然和人类社会的学习机会，也是学生通过实践积累知识的重要环节，以及检验和锻炼学生综合素质的机会。

自然地理学综合实习是对地理学知识的理解、应用和评价。首先，通过实习的准备活动，可以训练学生查阅文献、选择素材等技能，发展学生的综合技能；其次，通过实践活动，可以检验学生的专业知识和技能，促进其对地理学科的理解，了解学科的应用和价值，强化数据收集、调查和相关方法应用的技能；最后，通过实习总结和展示，可以强化学生对数据处理和数据统计的理解，提高其图表处理、GIS 分析等技能，促进自然地理学与其他课程地融合。

自然地理学综合实习能够引导和发展学生更深层次的学习。首先，野外综合实习给予学生贴近自然的机会，通过实地考察地质地貌、河流水系、气候土壤、生物群落等自然景观，接触不同文化背景下人类社会对资源环境的利用、改造、管理和保护，了解由于人类利用、改造自然及环境而引发的生态破坏、环境污染，引导和帮助学生学会以不同的方式看待事物。同时，野外实习重在实习内容的综合性，能够引导和培养学生进行地理学综合分析、解决问题的过程和思路。其次，通过对地理现象的实地测量、分析和讲解，引导和鼓励学生养成谨慎和反思的科学态度，帮助其更好地理解地理现象背后的地理学意义。再次，实习过程中，通过组织对有关地理学问题不同观点的探讨，能够引导和鼓励学生独立思考，培养其批判思维和挑战现有模型、假设的能力。最后，通过设置相关专题任务，能够激发学生主动思考、培养学生对于地理学科和专业的兴趣与热情。

自然地理学野外综合实习还有更多社会层面的意义。首先，野外综合实习能够培养和锻炼学生独立学习和工作的能力。野外综合实习使学生离开熟悉的地方，面对食宿不便、风吹雨淋、虫叮蛇咬等复杂的环境，还要与具有不同习俗和文化背景的陌生人打交道，使学生个人应变能力和忍耐力得到了综合检验和锻炼，为学生走进现实社会提供了最好的演练机会。其次，野外综合实习能够加深同学和老师的交流，促进学习。野外实习需要在老师的指导下分组合作完成，实习期间，师生同吃、同住、同工作，创造了合作解决问题的氛围。最后，野外综合实习能够促进学生思想道德品质提升。野外综合实习使学生领略到祖国的秀丽风光，了解我国的基本国情，有助于培养学生的爱国主义精神，树立民族自尊心，增强社会主义优越感。野外工作需要跋山涉水、风餐露宿、早出晚归，生活和工作条件比较艰苦,这有助于培养学生吃苦耐劳、艰苦奋斗的精神。实习任务的完成通常需要全体同学的共同努力,这有助于增强学生的集体主义精神和组织纪律。

1.2 实习过程

自然地理学综合实习是地理学教学的重要环节,通过实地考察和实践活动促进其对基础理论知识的理解,学习和掌握地理学野外调查方法和基本技能,通过专题训练、实习总结和展示,全面地培养学生的科研意识和创新能力。实习过程如下。

1) 实习准备

组织学生认识和了解自然地理学实习的目的和意义。回顾专业课程学习的知识要点,通过文献查阅、资料收集等方式提前了解实习目的地的地质和地貌、气候与气象、水文及水资源、土壤与植被等相关信息。特别注意帮助学生训练和强化查阅文献、选择素材等技能。可以结合智能终端设备、互联网、遥感和 GIS 等设备、方法,在教学过程中对实习地点、实习项目做室内的情景模拟测试,进一步了解实习目的地的环境和具体实习项目,发展学生的综合技能。

2) 实地考察

深入实地认识自然和人类社会,通过对地理现象的实地测量、分析和讲解,探索形成和改变环境的地理过程,加深对所学基础理论知识的理解,实践地理学综合分析、解决问题的过程和思路。通过开展小组实习计划活动,组织有关地理学现象和地理学问题不同观点的讨论,检验和锻炼学生的专业知识和技能,促进其对学科的理解。实地考察包括地质地貌、气候与气象观测、水文与水资源、植物地理与植被生态、土壤地理等内容。

3) 学习和掌握地理学野外调查研究方法和基本技能

掌握野外地理学观测和数据测量处理的常用方法,学习常用野外工具和仪器的操作。使用地理学方法和工具辅助解释地理现象,培养学生动手能力、观察能力和野外工作能力。

4) 专题训练

通过情景模拟方法,设定背景,从而提出假设、问题、内容和过程,查阅资料、收集数据、分析调查结果,进行数据统计和分析,尝试解决和阐述问题。通过专题训练激发学生主动思考,培养和锻炼学生独立学习和工作的能力。

5) 实习总结和展示

实习过程中及时整理实习工作结果,实习结束时汇总编写实习报告。通过野外综合实习强化对地理学野外调查、信息采集、处理和分析能力的训练,强化学生对数据处理和数据统计的理解,提高其图表处理、GIS 分析等技能,促进自然地理学与其他课程内容的融合,全面培养学生的科研意识和科研能力。组织学生开展实习专题汇报等总结和展示活动,锻炼其科学论文写作能力和表达能力。

第2章 实习的组织管理

自然地理学野外实习根据时间顺序可划分为实习准备阶段、野外工作阶段和实习总结阶段，其中野外工作为实习重点，同时也需要充分重视准备工作和实习总结，以保证实习取得更好的效果。实习的组织管理应尊重实习教学的规律，根据野外实习不同的阶段的特点、教学的重点和要求，科学合理安排实习任务。

2.1 实习准备阶段

实习工作准备是野外实习顺利开展的先决条件，实习工作准备充分与否直接决定实习能否取得预期的成效，同时也是防范实习风险的关键。实习准备阶段主要包括实习动员和安全教育、实习后勤安排、教师实习工作准备与学生实习工作准备四个方面。

2.1.1 实习动员和安全教育

实习动员大会是野外综合实习的重要环节，一般安排在实习出发之前举行。全体实习的学生和相关教师都应参加。主要内容如下。

1) 明确实习队伍组成

向学生通报参与实习的教师组成，以及各教师的业务专长和实习中的重要工作。向老师通报实习学生的专业、年级和已修读课程的情况。

2) 明确实习目的和意义

由学院(系)领导做实习动员，从地理学学科性质要求、地理学知识和理解的应用与评价、发展更深层次的学习能力、实习的社会层面意义等方面阐述地理学综合实习的重要性。

3) 实习路线介绍

由实习带队老师介绍实习路线的基本情况和主要的日程安排，通报实习的主要内容、工作方法，以及实习预期结果、实习费用等相关情况。

4) 布置实习任务和要求

由实习指导教师提出实习的具体要求和任务，安排实习学生分组和参与必要的准备工作。

5) 宣读实习考核成绩评定方式

说明实习笔记与实习报告撰写等事项。明确实习过程管理要求，并说明实习考核的方式方法和成绩评定标准。一般实习考核成绩从野外实习纪律、小组实习汇报、野外实习技能、个人实习总结报告总结等几个方面进行综合评定。

6) 实习安全教育

安全问题是实习过程中最重要的问题，也是实习顺利进行的保障。由学院(系)领导和实习领队教师对实习队伍师生做实习安全教育，树立安全意识，并对一些可能存在的安全隐患提出具体要求，提醒实习师生重视。具体要求包括：

(1) 要求实习师生始终坚持"安全第一"的原则，在实习过程中遵守相关规章制度和纪律，服从指导老师的安排和要求，结合以往实习过程中的具体案例，警示全体师生从思想和意识上高度重视安全问题。

(2) 宣布野外实习纪律。由于野外实习的特殊性，将实行半军事化的组织和管理。学生要服从实习老师安排，不得擅自行动；外出要向负责老师请假。要求师生注意人身财物安全、交通安全等，严禁从事一切非法活动。签订实习过程中的安全管理承诺。

(3) 确认参加实习师生的身份证号码、联系方式、个人健康状况等信息，以便统一购买保险，制订安全防范预案及应急措施。

(4) 告知学生实习区域的自然状况和实习期间可能的天气状况，确保学生穿着合适的服装和装备，并做好防晒、防虫、防暴风雨等准备；介绍实习区域的少数民族的风俗习惯，提醒学生尊重实习当地的民俗，注意言行，避免误会和发生冲突；提醒学生在实习过程中避免单独行动，注意个人及环境卫生状况，谨防食物中毒和疾病发生。

(5) 落实实习车辆、通信工具等的安排与准备情况，随时与学校和学院保持联系，及时报告实习进展及工作情况。

2.1.2　实习后勤安排

实习后勤安排主要由院系和实习领队教师负责，包括以下事项。

1) 食宿安排

由学院事先调查、联系确定，统一安排。实习前提前与接待实习的单位做好联系沟通，通报实习的人数、性别比例、实习时长等，事先确定其接待能力以及周边饮食条件、卫生情况等，确保食宿安全。由于住宿价格、住宿条件受到实习时间、地点、天气条件等情况影响，可能会存在差异。具体房间、床位的安排应尽量考虑学生的实际情况，但也需要同学们服从带队老师的统一安排。

2) 物品安排

按实习计划、实习人数列出实习所需仪器、设备清单，逐一准备。实习仪器、设备主要由学院实验室提供，部分可能需要临时购买或制作。需准备的物品包括野外记录本、实习资料、办公用品、便携式扬声器、测绳、罗盘、海拔表、GPS、放大镜、地质锤、土钻、铁锹、多媒体设备等。在实习开始前，发放实习用品，由各班班长代领并签字。部分实习内容涉及一些国家机密图纸，在使用图纸前，应进行保密教育，签订保密协议。

3) 车辆安排

按照实习人数及教学用车计划,安排车辆。应提前办理租车合同申请,与相关单位协调安排好车辆和驾驶员,确定实习时间、地点,车辆检验后,方可运行。云南山高路曲,需要能在简易道路上正常运行的车辆,更要经验丰富、服从安排的驾驶员。

4) 医疗保健安排

实习教师要提前了解实习地的公共卫生、防疫等基本情况。由于实习地医疗条件有限,尽可能事先与实习地附近的医院取得联系,以便在特殊情况下得到附近医院的支持。学生实习出队前应与有关医疗部门联系,做一些实习医疗方面的准备工作。例如,准备一些特殊药品,进行基本的医疗保健、意外伤病急救等的知识讲座。有条件的话最好配备 1 名实习随行医护人员。

5) 日常管理

实习的日常管理要做到常态化,实习途中出发、集散时都应统计学生的出勤情况。要求学生每天晚上 10 点之前必须回到房间。对违纪行为的学生要按照有关规定及时教育和处理。

2.1.3　教师实习工作准备

教师的实习工作准备主要包括实习人员配置、实习方案制订、实习经费预算、应急预案制订四个方面。

1) 实习人员配置

实习队伍由教师和学生组成。教师队伍根据参加实习学生的规模大小配备。60 人左右的实习队伍一般需配备领队教师 1 名,专业指导教师 2 名,班主任或辅导员 1 名。在条件允许的情况下,尽可能配备专业的随队全科医生 1 名,以保障实习期间师生的健康。无条件时,需要提前了解当地的医疗机构和基本医疗条件,应对可能的突发状况。

领队教师主要负责经费预算和落实、实习单位和住宿协调对接、实习师生管理等实习的总体安排,同时履行指导教师职责。指导教师为由学院(系)协调指派的与实习课程相关的任课教师,指导教师人数根据实习队伍的规模和实习的具体工作任务确定,指导教师负责野外观察引导、地理现象讲解、技能和实践操作示范、专业问题答疑解惑等实习指导工作,并与领队教师参与实习的管理,一起完成学生的实习考核。班主任老师或辅导员老师应具有丰富的学生管理经验,对实习班级和学生情况熟悉,主要负责实习期间学生的日常管理工作。

参加实习的班级进行学生分组,一般每 10 名学生左右分为 1 组。分组主要考虑学生的专业、性别、身体状况,以自愿组合的原则分组。同时还需注意将学习较好、组织能力强、积极主动的学生尽量在各组中均匀分配,以发挥他们的组织和带头作用。此外,考虑到实习过程可能需要对当地的相关部门和本地居民进行访谈和调查,尽可能保证每个分组中都有本地的同学，以保证沟通的顺畅。分组完成后每组学生分别选出男、女学生各 1 名，担任该组小组长，以方便组织和管理本组学生。小组长主要负责小组实习工作的具体分工，实习仪器工具的领(借)取、发放、保管和归还，及时传达有关通知，向指导教师及时汇报组内成员情绪、身体状况等有关情况，清点人数，负责实习安全等组内成员的日常管理。此外每个班(专业)还应指定专人负责班级分组并对整个班级履行上述有关责任。

2)实习方案制订

实习方案制订工作一般要求在实习前几个月进行，主要包括确定实习的地区、路线和主要实习点，明确实习的内容、参加实习的人员、人员分组、相关联系人等。

实习区域的选择由学院(系)根据教学大纲、教学计划的要求进行考察和筛选，初步确定实习的时间、地点、主要路线和主要实习内容，并上报学院和学校进行审核。实习区域、路线和主要实习内容基本确定后，由学院(系)指定实习领队教师，负责实习的准备工作，明确参加实习的人员、安排人员分组，初步做出经费预算，协调联系实习单位、住宿等。

确定实习区域和实习路线后，实习指导团队应收集整理有关实习地区的文献资料，分析区域存在的相关问题。在实习活动开展前几个月，由学院(系)组织野外预查，了解实习区域的自然、社会等方面的实际问题，进一步确定实习区域和实习路线，设计和确定观测路线和实习点上的实习内容，包括每一个实习点上具体讲授的内容，以及学生观测与实践操作的具体内容。预勘察过程中还需落实食宿地点、交通工具、实习路线路况、气候条件、卫生条件及安全保障等野外后勤工作。预勘察过程中应与实习区域当地政府及有关部门取得联系，以更深入地了解当地民俗、风俗、社会经济等情况，也便于在实习过程中取得他们的支持。

预勘察结束后制订具体的野外实习计划。实习计划应根据勘察结果、实习教学目的，确定详细的实习日程，包括每一天的实习路线、地点及主要内容。日程安排需考虑实习内容的合理顺序，同时也要考虑交通方式、路线状况、天气状况等条件，尽量保证实习安全，做到经济、合理。实习日程安排还需考虑适当的休整时间，一方面便于学生及时整理总结实习工作，另一方面在野外实习过程中遭遇暴雨等突发情况时能有调整的余地，更好地保障野外实习师生的安全。

3)实习经费预算

实习经费预算由实习领队教师负责，主要包括制订具体的经费预算、实习出发前的借款、实习结束后的报销。每个学校可能有不同的具体要求和流程，按学校的实际情况确定。以下给出云南大学实习经费预算管理的相关办法。

(1)经费预算：根据教务处《云南大学实习管理办法》有关规定，各学院根据人才培养方案和实习基地建设情况安排实习任务，在每学年秋季学期第 4 周前做好本学年的实习计划表(包括实习专业、地点、时间、人数、经费预算、内容、实习单位等)，经主管教学的院领导批准并报教务处备案后实施。

(2)借款流程：在实习出发前 2 周，按照备案的实习计划经费预算，填写借款申请，经学院领导审批后，到财务处办理借款手续。

(3)报销要求：

a. 学院使用实习经费时，经费使用范围和标准应符合学校财务处实习经费报销相关规定；

b. 报销通过学校财务系统填报报销相关信息，打印网上报销确认单后，由经办人和教学院长签字后盖学院行政章。报销材料经学校教务处审核后，方可在学校财务处进行报销。

4)应急预案制订

为了高效有序做好实习过程中可能的突发事故预防和处理工作，排除安全隐患，避免或最大限度地减轻安全事故造成的损失，维护学生在自然地理野外实习期间的安全，学院(系)应提前做好防范，成立野外实习安全工作领导机构，确定安全工作负责人，明确安全工作领导小组职责，辨识可能的安全事故、事件，拟定相应事故、事件响应程序，制订野外实习应急预案。

(1)成立实习安全工作领导小组：安全工作领导小组一般由学院(系)主要领导担任组长，由野外实习领队老师担任副组长，指导老师、相关专业教师和班主任担任组员。

(2)安全工作领导小组职责：

a. 贯彻执行学校有关校外实习安全工作的有关规定；

b. 负责检查学生校外实习安全工作，关注学生校外实习安全情况，监督督促实习安全工作组落实各项安全措施；

c. 根据实习安全工作组的报告，处理学生校外实习期间的各类安全突发事故、事件；

d. 负责向上级及有关部门报告校外实习安全相关情况；

e. 负责落实学生校外实习日常安全工作，关注学生校外实习安全情况，积极预防各项安全突发事故、事件的发生，及时排除安全隐患；

f. 及时处理学生校外实习期间的各类安全突发事故、事件，并及时向学校报告；

g. 保护学生校外实习的合法权益；

h. 负责落实实习安全的各项具体工作，包括实习前的安全教育、安全准备工作，实习中的各项安全事项，防范监控及其他未尽事宜。

(3)实习安全应急识别：实习过程中当下列情况发生时，应判定为安全事故、事件，应立即启动应急预案。包括：火灾、爆炸、食物中毒、溺水事故、交通事故、自然灾害事故、突发疾病、人员走失、工伤、破坏仪器设备、打架、社会不法分子对学生进行绑架侮辱等；各种疫情、盗窃、聚众闹事等涉及违法犯罪的行为等。

(4)事故、事件处置程序：

a. 事故现场的学生或发现者应立即向实习带队教师或实习负责人报告，根据事故的具体情况拨打120、110、119、112、122等报警电话，如有人员受伤，应根据具体情况进行应急处置，并及时送医院处理；

b. 实习领队教师、实习指导教师和班主任应第一时间到达事故现场，了解事故具体情况，做好学生思想工作，维持秩序，并及时向学校汇报；

c. 学校领导及相关人员，进一步详细了解事故发生情况，做好相关人员思想工作，采取有效措施，防止事态进一步扩大；

    d. 学校领导根据事故、事件发生情况，及时研究处置办法，协调相关单位和部门做好善后工作；

    e. 如遇重大事件，应及时上报学校负责人，按学校应急救援方案处理。

    (5) 防范监控：为预防重大安全事故发生，实习安全小组必须加强学生校外实习的组织和管理，要求学生严格遵守实习规章制度。同时在实习前为所有师生购买人身意外保险，并与学生签订相关安全承诺或安全协议。确保重大安全事故隐患得到有效监控和及时处理，杜绝安全事故的发生。

2.1.4 学生实习工作准备

    学生实习工作准备应与教学计划和专业课学习相结合，主要工作包括理论知识准备、小组实习计划制订、实习仪器工具准备和学习、个人旅行准备四方面。

    1) 理论知识准备

    理论知识准备需结合教学计划和专业课教学开展，主要从两个方面进行。

    (1) 构建知识体系框架。地理学综合实习涉及地质地貌、土壤、植被、气候、水文等多个方面，并且很多地理现象的理解和解读需要综合运用各方面的知识。构建知识体系框架首先需要了解自然地理野外实习的教学目标和主要内容，根据野外实习指导书和课堂笔记，整理野外实习可能涉及的知识体系框架（课堂知识+扩展阅读问题+实习区域的问题）；野外综合实习是在有了一定的专业知识积累的基础上进行的，是将理论知识运用到具体的实践活动的过程。知识体系的构建需要通过不断的学习积累，同时带着问题进行阅读和学习；阅读内容除了专业课教材和实习指导书外，还应查阅实习区域和实习项目有关资料，如《云南地理》《云南植被》《云南土壤地理》《云南综合自然区划》《云南植物志》《元江哈尼族彝族傣族自治县概况》《新平彝族傣族自治县概况》和《滇西北人居环境可持续发展规划研究》等，并经常反思和交流，对知识体系进行查缺补漏，保持更新。

    (2) 熟悉实习区域概况，熟悉野外观测项目。通过收集整理实习区域的地质、地貌、气候、水文、土壤、植被、人文社会等相关文献资料，查阅实习地区地形图、遥感数据、前人相关研究成果等图鉴和文献资料，熟悉实习路线、了解实习区域概况，可以从三个方面入手：①自然环境，如地质地貌、土壤植被、气象气候、河流湖泊、生物物种等；②社会经济，如民族、习俗、历史文化古迹、经济发展水平、产业；③生态问题，如自然灾害、植被退化、环境污染等。分析实习区域在这些方面的特点以及可能存在的问题。另外，还需通过实践教学环节，掌握基本地理现象观测方法、实习工具的操作使用等，同时预习实习内容，了解野外实习的区域、路线和主要实习内容，熟悉野外观测项目。

    2) 小组实习计划制订

    野外综合涉及面广，实习时间短。学生应在学习和讨论基础上提出与实习有关的问题，并在梳理所收集的信息后，尝试解答提出的问题，以加深对实习内容和实习地的理解，并进一步确定通过实习将达到的个人目标，即个人的野外综合实习计划。

小组实习计划的制订应结合野外实习安排的观测项目，制订野外综合实习计划，设计小组野外重点观察的项目。小组实习计划项目可以由实习任务驱动，也可以是小组讨论提出的问题。小组实习计划的制订一般可遵循以下步骤：

(1)根据规定的实习内容，梳理归纳要在野外掌握的知识和技能；

(2)根据对实习地的认识，考虑在实习过程中除了规定的学习内容以外可能获得的知识和技能；

(3)找出几个自己感兴趣的问题，尝试通过野外综合实习加深对这些问题的认识，并尝试解决问题；

(4)在同学中寻找和确定实习过程中共同行动和讨论的伙伴。

3)实习仪器工具准备和学习

实习专业装备主要指除生活或生存外的实习用具。实习的准备阶段要求学生熟悉常用实习工具的基本原理，熟练掌握常用的实习工具的使用方法。

(1)实习记录本：用于记录实习过程中的见闻，要求小巧方便携带。推荐使用铅笔进行书写记录，能够保证下雨天的记录不被雨水浸湿模糊。

(2)罗盘或指南针：野外工作指示方向的必须装备。要求小巧便携。

(3)海拔表：测量海拔的装备。海拔表在使用前应统一进行校正，以减小误差。

(4)GPS：用于确定野外考察点的位置，记录考察路线轨迹。GPS 的使用应注意其接收卫星信号的情况，地形存在遮蔽时能够接收到的卫星信号较弱，定位精度较差。此外应注意准备备用电池或及时充电，保证电池电量。

(5)地质调查工具：地质锤、地质罗盘、放大镜、标本袋、钢卷尺、地质图等。

(6)植物群落调查用具：样方框、样方绳、罗盘、卷尺等。

(7)土壤调查工具：铁铲、取土钻、环刀、铝盒、卷尺、小刀、硬度计等。

(8)数码照相机或手机：用于记录实习途中地理景观和地理现象。数码产品野外使用时需注意防水防潮防砂，可随身携带合适大小的塑封袋，在潮湿环境或风沙较大的环境中将数码相机和手机放入塑封袋内使用，避免受潮、进水、进砂。

(9)手机 App 工具：随着智能手机和网络的普及，实习过程中路线规划、路线查询、位置定位、天气查询、实习记录、物种识别、资料查询、交流沟通等都可以使用相应的手机 App 工具辅助实现，实习师生应在实习前了解、下载安装相关的手机 App 工具。

野外实习常用的手机 App 工具

(1)地图工具：如百度地图、高德地图、搜狗地图、Google 地图等，这些地图工具均可以实现位置定位、路线规划、路线查询等功能，同时还能加载等高线数据、遥感影像数据等，是野外实习实用的辅助工具。野外工作时可能会遇到手机信号较弱或丢失情况，使用地图工具时建议提前下载实习区域的离线地图和离线数据。

(2)定位、测距工具：如手机罗盘(指南针)、测距仪(AR 尺子)和水平仪(气泡水平仪)。

这类手机 App 工具能够提供比较准确的经纬度、海拔、方向、方位信息，同时可以简单测定距离和水平状况，野外工作中很多情况下可以辅助和代替罗盘、指南针和 GPS 使用。

(3)记录工具：记录工具分为一般记录工具和专业记录工具。一般记录工具如手机、相机、语音备忘录等，可帮助实时记录实习过程中的所见所闻；专业记录工具有随手记(帮助记录实习过程中的财务收支情况)、两步路、户外助手(随时记录实习的轨迹路线、拍照定位兴趣点位置、提供高精度遥感影像等)。

(4)物种识别工具：比如花伴侣和形色，可以通过拍照的方式帮助识别植物。物种识别 App 工作时需要网络支持，在没有网络时，可以先拍照，待网络恢复时通过识别照片方式识别植物。此外，物种识别工具精度有限，识别结果最好请相关专业老师进行确认。

(5)资料查询工具：比如百度、知乎等，可帮助在实习过程中及时查阅相关资料，补充完善实习记录。

(6)交流沟通工具：比如 QQ、微信等，方便集群调度、通知传达、团队合作等。

4)个人旅行准备

个人旅行准备主要包括以下内容。

(1)实习前须对实习目的地天气、环境状况有充分了解，以便准备合适的个人生活用品、野外防护用品及与野外实习相适宜的着装，如遮阳帽、水壶、防晒霜、登山鞋、雨衣等。

(2)根据个人健康状况，准备必需的医疗用品和药品。特别注意部分同学可能会对热带、亚热带的某些食物或植物物种过敏，建议适量准备防过敏或抗过敏的药品。

(3)实习中个人所需的设备、器材等的准备，如记录本、手机、相机、手机 App 工具等。

(4)体能准备。地理学野外实习需要充沛的体能和精力保证，实习前应保证一定的锻炼频率，以保证体能储备。

2.2　野外工作阶段

野外工作阶段是实习过程的主体环节。对于实习学生来说，野外工作阶段最重要的任务是仔细观察路线和实习点上的地理现象，认真倾听实习指导教师对地理现象的讲解，操作仪器设备进行现场观测，重温课堂上习得的理论知识，联系实际，主动思考，做好实习记录与整理。而对于实习领队教师，应开展野外实习指导及成绩考核，做好野外实习保障，保证实习顺利开展是野外工作阶段最重要的任务。

2.2.1　学生的实习记录与整理

野外实习记录是实习最基础的成果，是编写实习报告与科研论文习作的基本依据。记录内容主要是实习路线和实习点上观察和观测到的主要的地理现象、特殊的现象和地理界线等。时间、地点、天气状况、所见所闻、个人感悟是撰写野外记录的关键，野外记录要求及时、真实。实习记录不仅是自己的实习心得，多彩生活的记录，也可以用于与他人进行交流。

野外实习记录包括两部分：实时记录和总结归纳。

(1)实时记录。在野外观察和观测时，用简短的文字将老师的讲解和自己的感悟记录下来。同时也要及时记录沿途看到的特殊的地理现象。一般使用随身携带的实习记录本进行记录，如果有条件，应借助手机记录 App 工具，采用定位、摄影、拍照和语音等方式记录实习轨迹路线、兴趣点位置、周围环境、现象细节等实习见闻，这比单纯的文字记录更有效和高效。此外，素描也是自然地理野外实习的重要补充，它可以进行有意识的信息提取，突出重点，表达照片无法表达的效果，在地貌、植物、土壤剖面、土壤植被的垂直变化等方面的描述中无可替代。

(2)总结归纳。自然地理实习的过程应是从现象观察、要素测量到综合归纳。因此，野外实习需要注意观察自然地理要素之间的联系，思考地理要素相互作用的性质、过程、方向和发展规律。并在每天实习返回驻地后，将实习见闻和思考归纳总结，作为实习报告写作的素材。

2.2.2　教师指导与实习评价

实习过程中，实习指导教师应按照教学大纲和实习计划所确定的实习路线和实习内容，根据事先计划好的实习日程，在每一个实习点上指导学生观察相关地理现象并进行讲解，对相关观测和实践操作内容进行示范。同时根据每个小组所制订的小组实习计划，结合带队教师提出具体的问题和学生要完成的任务，以小组为单位进行观察、测量、记录、讨论等工作。最后由实习指导教师简单地总结和分析该实习点的典型地理现象。

野外实习的评价是全过程、多层次、复合指标的系统性评价。评价应遵循"过程评价与效果评价相结合，定性评价与定量评价相结合，教师评价与学生自评相结合"的原则。在评价体系中，能够考核学生对地理科学知识的检验和巩固，对地理科学方法的学习和掌握；在专业训练方面，考核学生对野外实习工作程序、实习路线和实习区域的选择，对实习基本要求、基本方法、野外判别方向的掌握；在能力培养方面，考核学生与人沟通、意志磨炼、遵守纪律、团结协作和创新能力；在综合素质训练中，考核学生通过野外实习获得数据，综合分析研究区自然地理要素特征和规律，以及地理要素间的内在联系的能力。通过完整的评价，实现在实习过程中培养学生分析问题和解决问题的能力，让学生将理论知识、实践能力在科学研究和实践中得到应用，达到科学思维与创新能力培养的目的(李瑜琴等，2016)。

野外实习的成绩考核可由个人实习成绩和小组合作成绩考核两部分组成。个人实习成绩考核由指导教师从如下三个方面进行考核和记录。①学习态度：主要从学习的主动性、发现问题的能力、与他人的沟通能力等方面进行考核。②仪器操作：从野外动手的能力、解决问题的能力和仪器设备操作能力等方面进行考核。③团队合作：从学生的团队精神、合作能力、大局意识、吃苦精神等方面进行考核。

　　小组合作成绩的考核应从小组实习计划的制订和执行情况、观测任务的完成情况、小组实习汇报情况等方面以小组为单位考察和考核。小组实习汇报选择在每天回到驻地以后开展。以小组为单位，每个小组由学生将当天的实习情况向全班汇报，小组汇报人选随机抽签决定，以驱使小组成员都必须认真准备汇报内容。汇报完成后，实习指导教师随机对小组成员进行提问，结合汇报内容和问题回答情况对小组进行评分。

2.2.3　实习过程中的后勤与安全保障

　　实习过程中，实习指导教师应该按照实习计划和预先制订的实习应急预案安排实习事项，及时识别实习风险，以保障野外实习顺利进行。野外实习保障需要注意的事项如下。

　　1）实习安全再教育

　　针对实习的具体情况，在实习开始和实习过程中进行实习安全再教育，确保所有参加实习人员都了解应急预案相关内容，都有应急通信方式备份，防范安全风险，确保实习安全。例如：提醒学生野外实习应穿长袖长裤，着鲜艳颜色上衣；按照指导教师带领路线行进，不得擅自离队，不到危险地段采样；穿过山林时，队员之间要保持距离，不可相距太远，要随时保持联系，以免走失；公路上注意交通安全，不在公路狭窄、拐弯、滑坡处停留；穿越密林或不熟悉的山林时，应以木棍探路，防备遇到蛇、兽夹等，并做好路线记号，以免迷路；不可随意采食野生果实，以免中毒；出门应携带雨具。

　　2）实习前一天注意事项

　　（1）与司机师傅明确第二天车辆出发时间、前往地点。

　　（2）提前查询第二天天气状况，与当地相关部门咨询实习路线上的交通状况，如有无路面塌方、山体滑坡等，以便提前选择合适路线，保障实习顺利开展。

　　（3）提前联系确认实习食宿安排。告知食宿联系单位参加实习的教工、学生人数，男女比例等，以便联系单位做好食宿准备，保障及时入住和用餐。此外，还应了解实习人员中有无少数民族学生、人数及具体要求，妥善解决其用餐问题。

　　（4）估计实地考察的时间，计划好休息和午饭时间。

　　（5）确认第二天实习所需的工作设备和记录表，确保需要充电的设备有充足的电量。

　　（6）检查所有学生的身体状况，根据学生提前报备的个人健康状况和医疗要求，对有必须准备相关个人应急药品的，进行监督确认，保障其健康安全。同时检查准备的常用健康保健用品，比如感冒、肠胃、损伤用药、防蚊虫叮咬用品、温度计、晕车药等。

　　3）实习当天注意事项

　　（1）再次与司机确认上下车时间、实习地点和路线。

　　（2）检查所有学生的身体状况，检查所有需要随身携带药物的学生，让他们随身携带应急药物。

(3)实习期间，全天检查实习学生名单，尤其是出发、经停实习点下车开展实习活动后，都应及时清点人数，确保无学生走失。

(4)随时留意学生的动向，对可能的风险进行及时提醒和防范。

(5)实习点地理现象观察对象的选择应具有明显的特征，便于学生观察和观测，但要注意观测点周围环境的安全，应远离公路、滑坡落石、悬崖深沟等地段，防范滑坡、落石、失足跌落等危险。

(6)提醒学生注意公德。比如爱护环境、公共场合不喧哗等。

(7)及时表扬学生的参与和成就。

4)当天实习结束以后

(1)按照 2)实习前一天注意事项部分进行逐项确认，保证次日的实习顺利进行。

(2)评价和记录实习当天每个学生的实习个人情况考核，进行实习小组合作成效考核。

(3)晚上 10 点查房，清点学生人数，确保没有学生晚归，同时了解学生的健康状况。

(4)及时向单位和公众分享和报告野外实习工作的进展。比如利用学校的网站、微信平台等分享野外工作的成果。

5)突发事故和事件

遇突发事故和事件，实习指导教师应第一时间到达现场，及时了解情况，并按应急预案流程进行处理。

2.3　实习总结阶段

野外实习的总结一般在野外实习工作结束返回学校后进行。要对野外记录及所收集的资料文献进行认真整理和分析；对野外调查、实测的数据资料进行整理、统计和分析；对实习过程中记录的影像数据进行整理和编辑；对采集的样品进行整理，抓紧进行必要的室内分析和测试等。学生应按实习计划的要求，在规定的时间提交实习报告作为野外实习的主要成果。

2.3.1　实习报告与总结回顾

编写报告是对野外综合实习的总结，是在野外记录、文献梳理、野外调查数据分析统计等工作的基础上，认真思考，按照科研写作的要求规范书写。自然地理学综合实习报告要求对实习区域、地理现象进行系统的综合分析，要求清晰的现象描述、清楚的分析过程和明确的主要结论。一般包括实习区域地理位置的分析、实习区域地理现象的描述、自然环境和地理现象的形成因素、演化历史、发展过程等的描述和分析，存在问题的分析，对生态环境保护和建设的建议等。

1)报告格式及内容要求

实习报告一般分为题目、学生信息、实习目的、实习日志、印象深刻的几个问题等。

（1）题目及学生信息：题目总结展示报告的核心内容。为了强调实习报告问题和报告的具体内容，可以采用附加题目，但不超过 30 个汉字。紧接题目，是学生及指导教师信息。

（2）实习目的：野外综合实习的目的是很明确的，但不要原版抄录书本或指导教师提示的实习目的，应该有自己的想法。撰写时，要对实习过程有个概括的交代，根据自己的兴趣和实习所得来写。在后面的文字里对实习目的作相应解答，即是否达到实习目的。

（3）实习日志：野外综合实习内容十分丰富，在实习报告中，只需要摘录那些与实习目的紧密相关的内容。例如，进行元江水文站实习的核心内容是认识了解元江的源头及其流经区域，水文站研究水的时空变化和变化规律，通过对降水量、蒸发量、水位、流量、悬移质含沙量等信息的测定来达到这一目的。

（4）印象深刻的几个问题：野外综合实习带游记性质，但相比通常的旅游有一定的学术见地。在实习报告中，要阐明印象深刻的几个问题，但不要超过三个。一次野外综合实习，时间、线路、地点和内容是统一的，但不同的学生其认识和体验是不完全相同的。因而，实习报告的学术见地就集中在有无印象深刻的问题，以及对这些问题的看法是否有专业内涵。因此，在撰写实习报告之前，要细心研读实习日志和回忆实习旅途，选择确定实习中对自己有明显感染力的现象或问题，围绕着这些现象或问题，拟定题目、编写实习目的和组织实习日志。

2）评价标准

实习报告评价主要从报告的真实性、系统性、学术性和文字表达能力四个方面进行评价。

（1）真实性：实习报告提供了实习期间的所见所闻，并在这些见闻基础上参考相关资料进行分析。应避免大段摘抄资料，违背事实、夸大其词的情况。

（2）系统性：实习报告中要按照相应要求，日志记录全面、问题重点突出。

（3）学术性：对实习日志或笔记中记录的现象和问题要进行正确的学术分析。

（4）文字表达能力：主要表现为逻辑性要强，文字流畅，用词正确。

2.3.2　实习成绩综合评定

自然地理学综合实习的评价更为强调实习过程中对学生人际沟通、意志磨炼、遵守纪律、团结协作和创新能力等方面的考核，注重从野外实习纪律、个人实习总结报告、小组实习汇报、野外实习技能等方面对实习成绩进行综合评定。实习成绩的考核评定可参考如下。

（1）野外实习纪律考评。遵守纪律是实习得以顺利完成的必要条件和安全保障。因此实习期间要严格考勤，并根据实习地点的实际情况制订考勤细则，必要时对违纪情节严重的学生取消实习成绩。

（2）个人实习总结报告成绩。实习报告编写的主要目的是强化学生野外调查方法与仪器设备使用的学习，地理学综合分析能力的训练，巩固其地理学专业基础。考查学生基本作图能力和分析问题的能力，应从文字和图件两方面进行评判。实习报告记录文字方面要求内容详细翔实，分析方法合理，论述逻辑知识体系完整，论述清楚，术语使用专业，文字文理表述流畅通顺；图件方面尤其要注意地图基本要素是否齐全。

　　(3)小组实习汇报成绩。以小组为单位汇报，包括纸质报告材料和答辩形式的汇报。对小组实习汇报的打分，可以采取教师评分结合小组互评的方式，并注意及时向学生反馈结果。

　　(4)野外实习技能评价。可以从仪器工具的野外操作、实习技能的操作规程、野外实习记录和野外日志材料、野外读图与绘图技能等角度考评。

　　具体各项成绩组成及比例可由实习指导教师根据实习内容与实习条件的实际情况讨论后调整，但应在开展正式实习前向学生说明。

<h1 align="center">主要参考文献</h1>

胡志浩, 吴兆录. 2004. 云南野外综合实习指导: 生物学·环境科学[M]. 昆明: 云南大学出版社.

李瑜琴, 卢玉洁, 张东宁. 2016. 大数据背景下高校自然地理学野外实习模式探索与实践[J]. 地理教学, (10): 18-21.

云南植被编写组. 1987. 云南植被[M]. 北京: 科学出版社.

王声跃, 张文. 2002. 云南地理[M]. 昆明: 云南民族出版社.

段兴武, 洪欢. 2019. 云南土壤地理[M]. 北京: 科学出版社.

杨一光. 1991. 云南省综合自然区划[M]. 北京: 高等教育出版社.

云南省植物研究所. 2006. 云南植物志[M]. 北京: 科学出版社.

元江哈尼族彝族傣族自治县概况编写组. 2008. 元江哈尼族彝族傣族自治县概况[M]. 北京: 民族出版社.

新平彝族傣族自治县概况编写组. 2008. 新平彝族傣族自治县概况[M]. 北京: 民族出版社.

吴良镛. 2000. 滇西北人居环境可持续发展规划研究[M]. 昆明: 云南大学出版社.

第二部分

自然地理学综合认知实习

第3章 实习区域概况

进行野外实习的元江、新平两县属玉溪市管辖。

玉溪市位于云南省中部，处于北纬 23°19′～24°53′、东经 101°16′～103°09′之间。玉溪市地势西北高、东南低，地形条件复杂，以红河为界，其东西两边的地貌景观有较大的差异。红河以西为滇西横断山区，山体走向呈北西向，哀牢山主峰大磨岩峰高程 3166m，当地最低侵蚀基面高程 328m，相对高差 2838m；红河以东为云贵高原，由于受云南"山"字形构造的影响，山体走向分别为南北向、北西向、北东向及南突的东西向，山体破碎，其间以梁王山主峰海拔高程 2820m 为最高点，高程通常为 1500～1900m。玉溪的河流、湖泊分属珠江和红河水系，有抚仙湖、星云湖、杞麓湖和阳宗海等四个高原湖泊。

元江哈尼族彝族傣族自治县(简称元江县)位于东经 101°39′～102°22′，北纬 23°18′～23°55′。县人民政府驻澧江镇，距玉溪 132km，距昆明 220 km。元江县总面积 2858 km²，其中山区面积 2766.5 km²，占 96.8%；坝区面积 91.5 km²，占 3.2%。地势西北高，东南低；山脉南北走向，以元江为界，西南支属哀牢山脉，东北支属横断山脉，两山脉逶迤向南延伸，使元江河谷形成了东峨坝、元江坝等河谷盆地。最高海拔 2580m，最低海拔 327m。

新平彝族傣族自治县(简称新平县)位于云南省中部偏西南(位于北纬 23°38′15″～24°26′05″，东经 101°16′30″～102°16′50″之间)，从东南到西北分别与峨山县、石屏县、元江县、墨江县、镇沅县、双柏县接壤。县城驻地桂山镇，距省会昆明市 180km，距玉溪市政府所在地红塔区 90 km。全县南北长 88.2 km，东西宽 102 km，总面积 4223 km²。其中山区面积 4139.6 km²，占 98%，坝区面积仅 83.4 km²，占 2%；山谷纵横，山峦层叠，是典型的山区县。

3.1 地质、地貌背景

3.1.1 地质背景

实习区属于"三江褶皱系－哀牢山褶皱带"区域大地构造单元。该区域大地构造单元北起南涧县，南东延伸至河口县出国境，国内段长约 350 km，宽 20～40 km。区内发育四条北西－南东向深大断裂：红河深大断裂、哀牢山深大断裂、九甲－安定深大断裂和阿墨江深大断裂，这四条深大断裂构成北西收敛、南东撒开的帚状格局。区内岩浆活动剧烈，变质作用明显，成矿区位于褶皱带中段。新构造运动的主要表现形式为差异性抬升和构造的继承活动。区内出露前寒武纪哀牢山群的深变质岩系和古生代的浅变质岩系，中生代和新生代的部分地层零星出露。

3.1.2　地势地貌特征

实习区内主要分布山地河流地貌。元江(红河)发源于中国云南省中部，河源海拔2650 m。上游礼社河出巍山彝族回族自治县北，在三江口接纳东侧支流绿汁江后始称元江，流至我国红河哈尼族彝族自治州境内后称红河，东南流至河口入越南，到河内分支流入太平洋的北部湾。

受新构造运动影响，新近纪喜马拉雅期地壳持续抬升，同时伴有地块差异性升降活动和断裂构造持续活动，元江(红河)河谷深切，形成"V"字形深谷，流域分水岭高程一般2000～3000 m，河口附近河床高程76.4 m，全河总落差为2574 m，平均比降3.9‰；河床底部起伏不平，水流湍急，沿河多急流、瀑布，侵蚀作用以下蚀作用为主，多峡谷；年平均河川径流量 484×10^{8}m^3。元江(红河)流域内石灰岩地区喀斯特分布广泛，渗水严重，地表缺水严重。

3.2　气候、水文概况

3.2.1　气候特征

元江县地处低纬高原，属季风气候。冬夏半年各受两种不同的大气环流影响，冬半年(即干季11月～次年4月)受北非及印度北部大陆干暖气流和北方南下的干冷气流影响，空气干燥温暖，降水量少，蒸发快，晴天多，日照充足。夏半年(即雨季5～10月)受印度洋西南暖湿气流和太平洋东南暖湿气流的影响，空气湿度大，降水量多，多阴寡照。形成了冬暖夏热，冬春干旱风大，夏秋多雨湿润，干湿季明显，雨热同季的气候。元江县悬殊的高差海拔(相对高差达2253m)，使得该地区地形地貌多样，加上山川走向、植被疏密等因素，对光、热、水等主要气候要素起着重要的分配作用。县境内立体气候特点突出，热量垂直变化大，地区差异明显，山区温凉，坝区炎热。全县跨五个气候类型，即热带、亚热带、北温带、南温带、寒带。形成了"一山分四季，隔里不同天""山顶穿棉衣，山腰穿夹衣，山脚穿单衣"的独特现象。元江县所在元江坝的年平均温度为23.7℃，最冷月均温16.7℃，不小于10℃的年积温为8708.9℃，全年几乎全为无霜日，年平均降水量为805.1mm，降水80%～90%集中于雨季，年均蒸发量为2750.9mm，蒸发量是降水量的3.4倍，平均相对湿度为69%，为典型的干热河谷气候。

新平县地处低纬高原，属中亚热带季风气候，其特点为冬暖夏凉、冬春干旱、夏季多雨、雨热同季。新平属温带气候区，局部气候受海拔影响，形成河谷高温区、半山暖温区、高山寒温区三个气候类型。年平均气温18.1℃，年最高气温32.8℃，年最低气温1.3℃，年降水量869mm，总日照时数2838.7h。无霜期316d。由于县境各地海拔、山川走向、坡度坡向等差异，各地气候不尽一致。海拔900m以下的低海拔河谷地带，大致属北热带气候；海拔为900～1300m的亚热河谷地区属南亚热带气候；海拔1300～1700m的地区属于中亚热带气候；海拔1700～2100m的山区属北亚热带气候，海拔2100～2500m的地区属暖温带；海拔高于 2500m 以上的山区气候冷凉，属温带气候。

3.2.2 水文环境

新平、元江属红河水系。元江(红河)全长 1280km，中国境内河流长 680km，境内集水区面积 $7.67 \times 10^4 km^2$。发源于大理州下关以南巍山，从西北向东南斜贯玉溪市新平、元江两县西部。在新平县接纳了来自易门、经峨山、新平县的绿汁江；在元江、石屏、红河三县交界处，又接纳了源于峨山、新平县的小河底河。元江出玉溪市境后浩荡南下，穿越红河州境地，在红河州河口县出国境进入越南社会主义共和国，于越南注入南海。在我国境内统称元江，出国境后称为红河。元江—红河是中国西南纵向岭谷区重要的国际河流。在中国 15 条最主要的国际河流中，它属于水资源丰富、互补效益好、主要涉及中国与越南两国、具有广阔合作前景但自然灾害危害严重的国际河流。

元江多年平均河川径流量 $484 \times 10^8 m^3$，水力资源理论蕴藏量 $989 \times 10^4 kW$，可能开发量 $360 \times 10^4 kW$。水力资源主要集中在支流上。元江流域径流的年内分配比例为：春季径流一般约占年径流的 3%～5%；夏季约占 43%～53%；秋季一般占 36%～41%；冬季占 6%～11%。元江下游、盘龙江、藤条江一带 6～9 月(其余地区 7～10 月)连续 4 个月为丰水期。丰水期径流约占年径流量的 65%～77%。最大径流月一般出现在 7、8 月，以 8 月最多，最大月径流量占年径流量的 21%～30%。

流域内洪水主要由暴雨形成，一般洪峰历时较短，洪水暴涨暴落，河床水位变幅较大，一般达 12～20m。据有关资料统计，1986 年 10 月上旬，元江、澜沧江流域普降大雨或暴雨，元江发生了近百年来第二大洪水，元江站洪峰流量为 7520 m^3/s，下游蛮耗站 8050 m^3/s，均为实测最大，约 50 年一遇的洪水。礼社江上游处于暴雨中心，其支流扎江大东勇站洪峰流量为 1710 m^3/s，为近百年来最大的洪峰量。

新平县境共有 1 江 32 条河，蕴藏着巨大的水能资源，县内河流除平掌乡过境河道谷麻江属李仙江水系(红河支流)外，其余均属元江水系。主要河流有麻大江河、班东河；元江干流流经新平县境，长 113.7km，三江口以上称石羊江，三江口至河口大桥称戛洒江，河口大桥以下称漠沙江，于漠沙阿迭村流入元江县境。沿元江两岸较大的支流有绿汁江、大春河、南达河、棉花河、南恩河、达哈河、发启河、丫味河、曼蚌河、挖窖河、比里河、困龙河、峨德河、西尼河、南甘河、平甸河、康之康河、亚尼河等，全县水资源总量为 $56.7 \times 10^8 m^3$，水能资源理论蕴藏量 $127.22 \times 10^4 kW$(含红河干流)，可开发利用装机容量 $52.36 \times 10^4 kW$。

3.3 植被、土壤简介

元江县山川毓秀,物华天宝,古有"滇南雄镇"盛名,今得"天然温室""哀牢明珠"美誉。全县植被覆盖率 62.9%，森林覆盖率 41.5%，拥有野生动物资源 100 多种，农作物资源 163 种，经济作物资源 228 种，林木资源 2000 多种，药材资源 58 科 87 属 170 多种，花卉品种资源 61 科 224 种。其中尤以杧果、荔枝、香蕉、菠萝等经济林果和芦荟、茉莉花、热带花卉等特色生物资源的优势突出。

元江干热河谷自然保护区是中国第一个、也是最具典型特征的干热河谷自然保护区，建立于 1989 年，于 2002 年升为云南省级自然保护区，位于元江县境内，东经 101°39'～102°22'，北纬 23°18'～23°55'，总面积 400km²。保护区海拔为 320～2550 m，相对高差达 2230 m，涵盖了典型干热河谷及其完整山地的多种景观和植被类型。主要保护干热河谷植被及河谷上方的原始森林等植被类型。保护区物种多样性非常丰富，有维管束植物 2303 种；哺乳动物 97 种；鸟类 258 种；爬行类 71 种；两栖类动物 53 种；鱼类 34 种。有国家珍稀保护植物桫椤（*Alsophila spinulosa*）、元江苏铁（*Cycas parvulus*）、水青树（*Tetracentron sinense*）等 16 种，发现在云南省内植物分布的新记录有 10 种和狭域特有植物 12 种。有国家重点保护野生动物 57 种，包括绿孔雀（*Pavo muticus*）、巨蜥（*Stellio salvator*）、蟒蛇（*Python bivittatus*）等 12 种国家一级保护动物。如此丰富的生物多样性充分表明元江自然保护区具有很高的保护价值。

元江国家级自然保护区属于干热河谷自然条件下形成的森林生态系统自然保护区。主要保护对象是我国干热河谷最典型的河谷型萨王纳植被、较完整的山地常绿阔叶林和丰富的珍稀野生动植物资源。保护区植被具有明显的垂直分布特色，保存着多种生物气候带的典型植被类型。特别是截头石栎、红木荷等为优势的季风常绿阔叶林，不仅有云南亚热带南部季风常绿阔叶林的共同特点，而且因其分布海拔偏高，一定程度上带有云南亚热带北部半湿润常绿阔叶林的成分，体现了过渡性，有着科学研究的积极意义，并因已残存面积较为分散，多处于沟谷地带，更具保护价值。

新平县境内有高等植物 219 科 762 属 1402 种，有国家一级保护植物伯乐树（*Bretschneidera sinensis*）、二级保护植物水青树、三级保护植物翠柏（*Calocedrus macrolepis*）等；兽类 75 种，禽类 153 种，两栖爬行类 45 种，昆虫类 130 余种，其中有一级保护动物绿孔雀、二级保护动物白鹇（*Lophura nycthemera*）等。新平县林业用地面积达 32.04×10⁴hm²，森林覆盖率 60.96%，是滇中森林面积最大的县，辖区内植被类型多样，植物资源丰富。据《新平县林业志》记载，新平县内高等植物仅为 219 科 762 属 1402 种。《云南哀牢山种子植物》记载有野生种子植物 2448 种（含种下等级），虽非仅限于新平境内，但整个垂直植被带在新平县境内都有分布，还有元江河谷和众多的支流河谷中残留的大量热带成分，并且该名录中还不包括蕨类植物，历史标本采集不多，目前国内最权威的标本数据平台（中国数字植物标本馆）检索到采于新平的标本记录仅有 637 条，但保守估计，新平县内的高等植物应在 2500 种以上。

3.4 人文地理环境

3.4.1 经济、社会发展概况

1. 元江县

2019 年，元江县实现地区生产总值（GDP）1170352 万元，按 2015 年可比价格计算，同比增长（下同）9.6%。其中，第一产业增加值 257497 万元，增长 6%，对 GDP 贡献率为 13.6%，拉动 GDP 增长 1.31 个百分点；第二产业增加值 343536 万元，增长 14%，对 GDP 贡献率为 45.7%，拉动 GDP 增长 4.39 个百分点。在第二产业中，工业增加值 188276 万元，增长 14.2%，建筑业增加值 155260 万元，增长 13.7%；第三产业增加值 569537 万元，增长 8.3%，对 GDP 贡献率为 40.7%，拉动 GDP 增长 3.91 个百分点。三次产业在生产总值中的比重分别为 22%、29.3%、48.7%。人均地区生产总值 52108 元，可比价增长 9.6%[①]。

2. 新平县

2019 年新平县实现地区生产总值 1972186 万元，按可比价计算比上年增长 8.2%，其中：第一产业增加值 264477 万元，增长 6.0%，拉动 GDP 增长 0.8 个百分点，对 GDP 增长的贡献率达 9.2%；第二产业增加值 802430 万元，增长 7.1%，拉动 GDP 增长 3.1 个百分点，对 GDP 增长的贡献率达 38.4%；第三产业增加值 905279 万元，增长 10.0%，拉动 GDP 增长 4.3 个百分点，对 GDP 增长的贡献率达 52.4%。三次产业结构由上年的 12.0：41.8：46.2 调整为 13.4：40.7：45.9，经济结构呈三、二、一格局。全县人均生产总值达 67517 元，按可比价计算比上年增长 8.2%。实现非公经济增加值 1010992 万元，按可比价计算比上年增长 8.3%，占全县生产总值的 51.3%，拉动全县经济增长 4.1 个百分点，对全县经济增长贡献率达 50.4%[②]。

3.4.2　主要民族与风俗

1. 元江县

元江县 2019 年末常住人口 22.46 万人，其中：城镇人口 9.76 万人，城镇化率 43.45%；少数民族人口占总人口的 81.9%，排名前三位的为哈尼族、彝族和傣族。

哈尼族的传统文化比较发达，禁忌习俗比较多，涉及生产生活多个领域，这些限制性规范和忌讳习惯具有众多丰富多彩的优秀传统文化内涵。哈尼族以多神崇拜和祖宗崇拜为主要内容，村内有山神庙，每年农历二月的第一个属龙日举行"祭龙节"活动。哈尼族主要的节日有哈尼黄饭节、长街宴、苦扎扎节、十月年等。

哈尼族九祭献为云南省非物质文化遗产。九祭献，哈尼语称为"归基托"，是哈尼族最古老的民间祭祀活动，流传于玉溪市元江哈尼族彝族傣族自治县因远镇的浦贵、浦海、施通 3 个自然村。这 3 个村是在哈尼族迁徙过程里，由 3 个同胞兄弟创建的。九祭献典礼在历史上由 3 个村轮流主办。在整个九祭献活动中，歌舞、乐器和木祖、竹马、农具、竹碗、竹杯等器具起着非常重要的作用，独具地方特色。九祭献历史悠久，有严格的禁忌和程序，在古老的傩祭、傩舞基础上，加入吟唱、讲古和棕扇舞等传统舞蹈，传播着哈尼人的迁徙历程、生产生活、农耕稻作、谈情说爱、生儿育女等知识，融入了哈尼族对生命崇拜的虔诚情感。九祭献是一部哈尼人历史发展的史诗，它独特的文化内涵和表现形式极富

---

① 2019 年元江县国民经济和社会发展统计公报（来源：元江县政府网　发布时间：2020-04-13）。
② 2019 年新平县国民经济和社会发展统计公报（来源：新平县政府网　发布时间：2020-11-23）。

民族学研究价值①。

　　哈尼族棕扇舞是元江县具有特色和代表性的传统民间舞蹈之一，流行于元江羊街乡那诺街哈尼族聚居地。舞蹈的起源与古老的狩猎采集生活和祭祀活动有关，从模仿狩猎中的禽兽飞跃奔跑和表现猎人胜利归来的心情，到表现手拿棕扇驱鬼祭神的场景都有体现。2010 年，元江县的"哈尼棕扇舞"入选第三批国家级非物质文化遗产名录②。

2. 新平县

　　新平县 2019 年末常住人口 29.21 万人，其中：城镇人口 12.13 万，城镇化率 41.51%。新平县境内有彝族、傣族、哈尼族、拉祜族、回族、白族、苗族、汉族等 17 个民族；彝族、傣族人口占全县总人口的 65.9%，其中彝族人口约为全县总人口的一半。

　　花腰傣是我国傣族的一个分支，以服饰斑斓、色彩绚丽、银饰琳琅满目如彩带层层束腰而得名。花腰傣与西双版纳、德宏等地的傣族一样，其最早的先民为"古越人"，现有 7.2 万人，80%居住在新平县内，其余散居于元江等县内。新平县花腰傣集中分布于哀牢山腹地，红河上游不足 90km 的峡谷之中。这里的花腰傣有傣雅、傣卡和傣洒三种。花腰傣与西双版纳、德宏等地傣族相比，有着自己鲜明的文化特征，花腰傣是遗留在红河流域民族迁徙走廊的古滇国王族后裔；没有受到南传佛教文化影响，信奉万物有灵的原始宗教崇拜，是花腰傣原生型文化特征最鲜明的体现；艳丽多姿、内涵丰富的服饰文化，是花腰傣文化中最神奇、最靓丽的一道风景线；异彩纷呈，风情奇异，承传完整的民风民俗，使花腰傣文化充满令人着迷的色彩；古老深邃，自然和谐的稻作农耕文明，则保留了古越民族远古的文化特质；从滇中玉溪红河热谷不到 $700km^2$ 的花腰傣聚居区内，人们既可体味到古越文明的久远，古滇文明的灿烂，也能感受到古老文明与现代文明交融的壮美。

　　新平彝族的服饰以黑为基调，绣花装饰。新平彝族妇女服饰丰富多彩，不同的地域有不同的特色，分鲁奎山型、磨盘山型、新化型、老厂型和哀牢山型。最有特色的是建兴乡腊鲁支系，腊鲁妇女大多系着漂亮的围腰去赶街做客，走亲串戚。腊鲁女子从七八岁就开始系围腰，它用几种色彩鲜艳的布片拼制而成，上面镶银泡，每块围腰至少要 200 颗银泡才能镶成，多的可达 684 颗。每当吉日节庆，妇女们都要系上光彩夺目的银泡围腰跳舞赛歌，银泡围腰给节日的欢乐增添了独特的魅力和情趣。

　　新平县已初步开发的旅游景点主要有龙泉寺、磨盘山国家森林公园、古州野林、漠沙大沐浴民族文化生态旅游村、戛洒大槟榔园民族文化生态旅游村、南恩瀑布、陇西世族庄园、茶马古道、哀牢山原始森林生态旅游区等。哀牢山国家级自然保护区其核心部位位于新平境内，原始生态最为典型，为世界同纬度生物多样化、同类型植物群落保留最完整的地区，哀牢山横跨热带和亚热带，形成南北动物迁徙的"走廊"和生物物种"基因库"，被列为联合国"人与生物圈"森林生态系统定位观察站和国际候鸟保护基地，被誉为镶嵌在植物王国皇冠上的一块"绿宝石"。磨盘山国家森林公园原始森林苍苍莽莽，大气景观缥缈莫测，流泉飞瀑点缀其间，珍禽异兽出没其中，气候类型、植被分布立体多样。

---

① http://shop.bytravel.cn/produce4/hanizujiujixian.html.

② http://shop.bytravel.cn/produce4/hanizuzongshanwu.html.

3.5　相关实习内容

1. 地质地貌实习部分

(1)矿物、岩石的主要分类和特性：观察实习区域常见矿物、岩石的主要特征；熟悉三大岩类肉眼鉴定的方法和步骤，观察岩石的颜色、结构和矿物成分，掌握几种常见岩浆岩、沉积岩和变质岩的鉴别特征等。

(2)地层、地质年代和地质构造：以元江—新平不同地质年代的地层为研究对象，认识和了解地质发展简史、生物演化、第四纪地质，区分地层和岩层，分析和阅读地质图，掌握岩层产状三要素——走向、倾向和倾角的测定方法，观察水平岩层、倾斜岩层、褶皱构造、节理、断层等，建立地质时空概念。

(3)岩石、矿物的风化作用：认识和了解主要矿物和岩石的风化特征以及物理风化、生物风化和化学风化作用的现象及产物，认识风化过程中元素的迁移、黏土矿物的演变、风化作用的阶段性、风化壳形成的因素等。

(4)流水地貌的形成和发展：认识河曲的形成以及溯源侵蚀、心滩、边滩、河漫滩、河流的下蚀作用、侧蚀作用、搬运作用、沉积作用、磨圆作用、分选作用等地表流水地质作用现象及其影响因素，区分河漫滩和河谷阶地等。

2. 气象与水文实习部分

(1)气象与气候观测部分：熟悉基本气象要素的观测分析方法及主要仪器的使用，了解实习区域基本气象要素的日变化规律。熟悉室外风云变化测量的数据采集和整理过程，掌握气象和气候数据资料收集与整理的基本思路和方法，以及气候类型及干湿程度分析技能。

(2)水文与水资源实习部分：掌握水文循环过程，了解水资源供需平衡及供水调度，掌握水文基本资料的收集与分析、水量平衡分析、水位及流量观测、泥沙观测与分析，以及水体现场观测等内容，培养、引导学生进行水量平衡分析、洪水与干旱频率分析、重现期分析等训练，掌握水位变化编图、水量平衡报告编制等技能。

3. 植物地理与土壤地理实习部分

(1)植物群落调查与多样性分析：了解和掌握乔灌草等植物群落的调查方法，能够完成野外选点、合理布设样方，观察和记录群落的基本特征，判断和描述群落结构与基本动态。能够对调查数据进行整理、分析，把握实习区域植被分布的基本情况及植物物种多样性的空间格局。

(2)植被垂直带观察与分析：沿山体垂向进行实地调查，识别统计主要植被类型，观察和记录不同植被带上下限的海拔，识别和总结植物群落优势层片植物特征随着环境的变化规律。

(3)亚热带典型山地区土壤类型、成土过程和土地利用：了解亚热带中山山地到河谷平原的土壤形成过程和土壤类型分布规律；完成土壤剖面的描述、层次划分、认识典型成土过程；观察河谷平原的演变规律与土壤分布和土地利用的关系，讨论土地利用存在的问题和采取的措施。

(4) 土壤垂直地带性观察与分析：以新平磨盘山为研究区，了解我国典型土壤类型红壤和黄壤的分布、性质和利用；了解土壤形成的气候条件与环境，红壤、黄壤的剖面特点、成土过程和森林利用；了解山地黄壤、山地黄棕壤、山地灌丛草甸土的形成环境特征，及其对土壤剖面构型和土壤属性的影响。通过观察磨盘山不同海拔森林生态系统与土壤类型的变化，了解山地气候环境变化对土壤类型分布的影响，及亚热带山区的土壤垂直地带性分布规律；了解森林土壤典型特性的形成规律。

第4章 地质、地貌实习

实习区位于云南省玉溪市元江哈尼族彝族傣族自治县和新平彝族傣族自治县境内。本章地质、地貌实习的实习点和主要内容以新平县为主,部分地貌实习内容涉及元江县。为紧扣实习内容,实习沿线的地质、地貌背景概述以新平县地质、地貌为主,只简要介绍元江县地貌特征。

4.1 实习沿线的地质、地貌背景

4.1.1 地貌特征

元江哈尼族彝族傣族自治县地处元江(红河)流域中上游,地势西北高,东南低。山脉南北走向,以元江(红河)为界,西南支属哀牢山脉,东北支属横断山脉,两山脉逶迤向南延伸,形成了东峨坝、元江坝等河谷盆地。最高点海拔(阿波列山)为 2580 m,最低点海拔(小河㟰)为 327 m,最大高差达 2253 m。云南红河大桥位于元江县城西北,跨越元江(红河)"V"字形深谷,谷深约 170 m。

新平彝族傣族自治县地处哀牢山脉中段,地势西北高,东南低。最高海拔(哀牢山主峰大磨岩峰)为 3165.9 m,最低海拔(漠沙镇南蒿村)为 422 m,最大高差达 2743.9 m。地貌以构造侵蚀中高山及构造侵蚀峡谷地貌为主,山脊宽缓,山坡陡峻,山坡坡度 30°左右;溯源侵蚀强烈,河谷横断面多呈"V"形,两侧谷坡坡度多大于 45°。主河流元江(红河)自西北向东南斜贯而下,将新平县境分为东、西两部分,形成"两山对峙、一水中分"的地貌景观。江西的哀牢山自西北向东南绵亘蜿蜒,直伸墨江县境;江东的迤蛆、磨盘两山群,山峦连绵、主峰高耸、谷深峭陡,为中山深切割地貌,群山间坐落着 9 个面积 1 km^2 以上的河谷堆积盆地,均发育于一、二、三级河流阶地。盆地、阶地上土质肥沃,是新平县粮食和经济作物的主产区。区内戛洒江各支流的河床平均纵比降均在 150‰~200‰,支流河谷内多见 5~20 m 台阶状跌水陡坎。山坡上常见坡面侵蚀形成的细沟、切沟,沟谷沿岸崩塌、滑坡发育,沟口有泥石流堆积扇。

4.1.2 地质构造

新平县处于红河断裂带与哀牢山断裂带中段,区内断裂纵横,构造发育,是一多构造体系复合交织的地区,北西一南东向断裂是其主干构造。受多期构造运动的影响,区内岩石节理发育。区内岩浆活动强烈,具多期性。地层出露较全,晚三叠世以前的地层强烈变形变质,晚三叠世及更新世的地层变形微弱。新平地区现已探明的铁矿石、铜金属富矿储量位居云南省首位,铁矿石探明储量 5.86×10^{8}t,占全省探明储量的 48.6%,铜金属矿探

明储量 172.7×10^4t，占全省探明储量的 25%。

4.1.3　岩石地层

新平县境内地层以元古界和中生界为主，其中，碎屑岩最发育，约占总面积的 68%，变质岩占 27%，碳酸盐岩占 2%。元古界地层主要为哀牢山群深变质岩，分布于哀牢山东麓，其次为以白云岩为主的碳酸盐岩。古生界以浅变质岩为主，分布于哀牢山西坡，其次为碳酸盐岩夹碎屑岩。缺失寒武系、奥陶系、泥盆系及石炭系中、上统。中生界地层几乎遍布于全区，主要为碎屑岩。新生界地层厚度不大，零星分布于各山间盆地中，主要为冲积洪积层。

新平地区最发育的中生界地层以哀牢山为界，划分为东西两部。实习区域（大开门—新平县城—磨盘山一带）属于东部区，发育著名的"滇中红层"，展布宽广，面积约为 4000 km²。"红层"厚度巨大，达 6650 m，以红色砂、泥岩为主，地层水平变化较明显，为侏罗纪内陆湖相、河流相沉积。

实习区域内出露岩层（地层由新到老）的简要描述如下。

1. 新生界

第四系全新统（Q_h）冲积层为粉质黏土和卵砾石，泥石流堆积层为块石夹卵石、砂、泥质，分布在老泥石流裙前缘及阶地上；更新统（Q_p）泥石流堆积物为块石夹卵石、砂、泥质，构成老泥石流扇裙。泥石流堆积物一般分选性差，粒径粗细混杂，但从宏观上看，自山前向盆地中心仍有颗粒由粗变细的基本规律。第四系残坡积层，以黏性土和碎石为主，广泛见于各处斜坡上。

2. 中生界

1）白垩系（K）

上统（K_2）为泥质岩、长石石英砂岩，含砾粗砂岩。下统（K_1）上部泥质岩夹砂岩，下部块状砂岩，底部含砾砂岩夹页岩。

2）侏罗系（J）

中统（J_2）以泥岩、砂岩等碎屑岩为主，包括妥甸组（J_{2t}）、蛇店组（J_{2s}）、张河组（J_{2z}）。下统（J_1）冯家河组（J_{1f}）为泥质岩和粉砂岩不等厚互层，底部夹泥质灰透镜体。

3）三叠系（T）

上统（T_3）以泥岩、粉砂岩、砂岩等碎屑岩为主，包括舍资组（T_{3s}）、干海子组（T_{3g}）、祥云组（T_{3x}）和马鞍山组（T_{3m}）。中统（T_2）云南驿组（T_{2y}）为石灰岩夹白云质灰岩，上部夹粗粒长石石英砂岩。

3. 元古界

元古界在区域内出露地层为昆阳群、大红山群，以及哀牢山群地层。昆阳群以碳酸盐岩、板岩和碎屑岩夹层为主。大红山群为巨厚层状白云石大理岩夹片岩、石英岩。哀牢山群是沿哀牢山分布的一套混合岩化强烈的变质岩系，呈带状以北西－南东向沿哀牢山分布，东西两侧以哀牢山断裂(金沙江－哀牢山断裂的南段)和红河断裂为界，向北延至南涧县，因上述两条断裂交汇而消失，向南延入越南，出露面积约 3800 km²。

4.1.4　地质灾害概况

新平县因其地形地貌和气候特点，成为地质灾害高发区域之一，主要类型有崩塌、滑坡、泥石流、地裂缝四类，其中滑坡分布最广、危害最为显著，泥石流灾害点虽少，但威胁对象多为人口密集的村落或乡镇驻地。新平县地质灾害属气象地质复合型，灾害点多、面广，具有群发性、密集性和成灾时段短、灾害损失重的特点，其链式灾害突出，主要表现为暴雨—滑坡—泥石流灾害链和暴雨—泥石流—滑坡灾害链。

新平县处于红河断裂带与哀牢山断裂带中段，哀牢山和红河大断裂是两条区域性深大活动性断裂，沿断层带形成数百至千余米的糜棱岩带，次级构造发育，岩体破碎。而元江(红河)两岸年降水量集中，雨量丰富，河流又具有流程短，纵、横坡降大的特点。因此，沿红河断裂带两侧，北至者竜乡者竜村，南至腰街镇的曼蚌河形成宽 6~8 km，长约 53 km 的区域性群发性地质灾害区。此外，困龙河上游及依施河中上游地区因人类活动较强，滑坡灾害发育较为集中，地质灾害的潜在危害较大。

新平县地质灾害受构造控制明显，地质灾害主要密集分布于西部的红河断裂带两侧、北部的海资底向斜和新化背斜、中部的新平向斜构造带上。从流域上看，地质灾害元江(红河)西岸较东岸发育，上中游较下游发育，元江(红河)西岸地质灾害最为集中，其次是班东河、依施河及困龙河流域。从地理上看，新平县地质灾害元江以西较东部发育，北部较南部发育，中部次之。

4.2　实习区域地质、地貌知识要点

4.2.1　岩石观察与鉴定

岩石是天然形成的、由固体矿物或岩屑组成的固结集合体。组成岩石的矿物种类及其在岩石中所占的比例是区别岩石类型的主要依据。

构成地壳的岩石按其成因分为：火成岩、沉积岩和变质岩。

沉积岩由沉积作用形成于富水环境。先成岩石在经历了外力作用的风化、剥蚀、搬运和沉积过程后，经压实作用、脱水作用，固结成岩。沉积岩最显著的特征是成层性。

岩浆岩是由熔浆冷凝结晶而成的岩石，它有两个成因系列：一类是由熔浆侵入地壳并在地壳中结晶形成的岩石，称为侵入岩；另一类是岩浆喷出地表、在海水或大气中冷却形成的岩石，称为火山岩。

变质岩是地壳内早先形成的岩石(岩浆岩、沉积岩、变质岩)经变质作用后形成的岩石。变质岩形成后还可经历新的变质作用过程，有些变质岩是多次变质作用的产物。

地壳中的岩石种类虽多，但它并不是矿物的任意组合，而是受地质作用的特有规律所

支配。不同的岩石具有不同的矿物成分及结构、构造特点，这些特点正是区别与鉴定岩石种类的主要依据。三大类岩石在观察、鉴定时，鉴定特征各有侧重。

1. 沉积岩的野外观察

1) 沉积岩的颜色

沉积岩的颜色是指沉积岩外表的总体颜色，而不是指单个矿物的颜色。根据成因可分为：原生色和次生色。

沉积岩的颜色描述：

(1)沉积岩的颜色比较单一时，描述就比较简单，如灰色、黑色等。

(2)沉积岩的颜色比较复杂时，可采用复合描述，如黄绿色等。

2) 沉积岩的成分

沉积岩的成分是指组成沉积岩的物质成分，包括岩石和矿物(表 4.1)。沉积岩中常见的矿物有 20 多种，各类沉积岩中的矿物成分有较大差别。

表 4.1   沉积岩的成分

沉积岩类型	岩石和矿物成分
碎屑岩类	碎屑颗粒(岩石碎屑、矿物碎屑)和胶结物； 最主要的矿物碎屑：石英、长石和白云母等； 常见的胶结物：碳酸盐、氧化硅、氧化铁和泥质等
黏土岩类	黏土矿物(高岭石等)
化学及生物化学岩类	常见为铁、铝、锰、硅的氧化物、碳酸盐(方解石、白云石)、硫酸盐(石膏等)、磷酸盐及卤化物等
火山碎屑类	火山碎屑(岩石碎屑、火山玻璃碎屑、矿物碎屑)和填隙的火山灰、火山尘

3) 沉积岩的结构

沉积岩的结构是指组成沉积岩的物质成分的结晶程度、颗粒大小、形状及其相互关系。主要类型见表 4.2。

表 4.2   沉积岩的结构

沉积岩结构	特征
碎屑结构	碎屑岩的结构叫碎屑结构，由各种碎屑物质和胶结物组成 按碎屑颗粒粒径大小可分为：砾状结构(>2 mm)、砂状结构(0.05~2 mm)、粉砂状结构(0.005~0.05 mm)
泥质结构	由极细小的黏土质点所组成的，比较致密均一且质地较软的结构
晶粒结构/化学结构	全部由结晶颗粒组成的结构，由各种溶解物质或胶体物质沉淀而成的沉积岩常具化学结构，化学沉积作用形成的结晶岩石具有晶粒结构； 按晶粒大小可分为：巨晶(>4 mm)、粗晶(0.5~4 mm)、中晶(0.25~0.5 mm)、细晶(0.05~0.25 mm)、微晶(0.01~0.05 mm)及隐晶
粒屑结构	由波浪和流水的作用形成的碳酸盐岩结构。如：鲕状结构、竹叶状结构等
生物结构	由生物遗体或生物碎片形成的岩石所具有的结构，生物含量在30%以上，为石灰岩和硅质岩的常见结构
火山碎屑结构	岩石中火山碎屑物的含量达到90%以上 根据碎屑粒径大小可分为：集块结构、火山角砾结构、凝灰结构

4）沉积岩的构造

沉积岩在沉积过程中，或在沉积岩形成后的各种作用影响下，其各种物质成分形成特有的空间分布和排列方式，称为沉积岩的构造。主要类型见表 4.3。

沉积岩的构造不仅构成沉积岩的重要宏观特征，而且还可据以恢复沉积岩的形成环境。

表 4.3　沉积岩的构造

沉积岩构造	特征
层理构造	沉积物在垂直方向上由于成分、颜色、结构的不同，而形成层状构造
水平层理	在一个层内的微细层理比较平直，并与层面平行。多形成于闭塞海湾、较深的海、湖泊、潟湖、沼泽、河漫滩等比较稳定的沉积环境
斜层理	层内的微细层理呈直线或曲线形状，并与层面斜交
粒序层理	在一个层内颗粒由下向上由粗逐渐变细的层理
块状层理	层内物质均匀或者没有分异现象，层理很不清楚的一种层理，这种层理常因沉积物快速堆积而成
层面构造	在岩层层面上所出现的各种不平坦的痕迹的统称。主要有泥裂、波痕、雨痕、雹痕、晶体印模等
结核	成分、结构、颜色等方面与周围岩石有显著差别的矿物集合体

2. 岩浆岩的野外观察

1）岩浆岩的颜色

岩浆岩颜色的深浅决定于其中深色矿物和浅色矿物的含量比例，从超基性岩至酸性岩，深色矿物含量由多变少、浅色矿物含量由少变多，因此，岩石的颜色也由深变浅。一般深色矿物超过 50%为深色，多为基性岩和超基性岩；低于 25%为浅色，多为酸性岩。但亦有例外，如黑曜岩为酸性火山玻璃，其颜色则为黑色，很像基性岩。

需要注意的是，岩浆岩的颜色是指外表（新鲜面）显示的总体颜色，不是指单个矿物的颜色。

2）岩浆岩的矿物成分

组成岩浆岩的矿物，常见的有 20 多种，其中最主要的是橄榄石、辉石、角闪石、黑云母、斜长石、钾长石和石英七种。

3）岩浆岩的结构

岩浆岩的结构是指组成岩浆岩的矿物成分的结晶程度、颗粒大小、形态及其相互关系。
根据结晶程度分为：全晶质结构、半晶质结构、玻璃质结构。
根据矿物颗粒绝对大小分为：显晶质结构（伟晶结构，粒径>10 mm；粗粒结构，粒径 5～10 mm；中粒结构，粒径 2～5 mm；细粒结构，粒径 0.1～2 mm）和隐晶质结构（矿物颗粒细小，放大镜分辨不出）。
根据矿物颗粒相对大小分为：等粒结构（岩石中同种矿物颗粒大致相等）、斑状结构（岩石中矿物颗粒大小悬殊，大的称为斑晶，小的称为基质）、似斑状结构（与斑状结构相似，基质为显晶质)和连续不等粒结构(矿物颗粒连续变化,分不出基质与斑晶)。

4)岩浆岩的构造

岩浆岩的构造是指岩石中不同矿物集合体之间或矿物集合体与其他部分之间的排列、充填与组合方式。

主要类型有:块状构造、斑杂构造、条带构造、流动构造、流纹构造、气孔构造、杏仁构造、晶洞构造。

3. 变质岩的野外观察

1)变质岩的矿物成分

岩浆岩或沉积岩中的主要造岩矿物,如石英、长石、云母、方解石等在变质岩中也常见。此外,变质岩中出现特征变质矿物(能指示变质条件的矿物),如石榴子石、红柱石、硅灰石、石墨等。变质岩中矿物多为片状、针状、柱状矿物,相对密度大,变形现象发育。

2)变质岩的结构

变质岩的主要结构有:变余结构、变晶结构、压碎结构和交代结构等。

3)变质岩的构造

变质岩的主要构造有:变余构造、变成构造(板状、千枚状、片状、片麻状、角砾状、肠状)等。

4.2.2　风化作用

风化作用是指在地表或近地表的条件下,由于气温、大气、水及生物等因素的影响,地壳或岩石圈的矿物、岩石在原地发生分解和破坏的过程。根据风化作用的方式和特点,风化作用可分为:物理风化作用、化学风化作用和生物风化作用。

1)物理风化作用

物理风化作用指主要由气温、大气、水等因素的作用引起的矿物、岩石在原地发生机械破碎的过程。在此过程中,矿物、岩石的物质成分不发生变化,只是从整体或大块崩解为大小不等的碎块。物理风化常有以下几种方式:温差风化、冰劈作用、层裂或卸载作用。

物理风化作用是一种纯机械的破坏作用,其结果是使岩石崩解成粗细不等、棱角明显的碎块。如果没有其他的地质作用(剥蚀作用),碎屑常覆盖在原岩的表面,其成分与原岩一致。如果地形较陡,岩石碎屑在重力的作用下,向坡下滚动或坠落,堆积在坡脚。由于惯性力的作用,粗大的碎块滚得较远,堆积在下部;而细小的碎块滚得较近,堆积在上部。形成上部岩石碎屑小,下部岩石碎屑粗的堆积体,称倒石堆(图4.1)。

图 4.1 倒石堆

2) 化学风化作用

化学风化作用指岩石在原地以化学变化(反应)的方式"腐烂"、破碎的过程。在此过程中,不仅岩石发生破碎、崩解,而且在温度及含有化学组分的水溶液影响下,岩石的物质成分也将发生变化,这与物理风化作用有本质的区别。化学风化作用通常有以下两种方式:溶解作用、氧化作用。

3) 生物风化作用

生物风化作用指由生物的生命活动引起的岩石的破坏过程。覆盖在地球表面的生物圈,存在着无数的生物,它们在活动过程中必然对地球表面的物质产生作用。据目前的研究成果表明,任何一种矿物、岩石的破坏,在某种程度上或多或少都有生物作用的参与。具体地说,生物是通过物理的和化学的两个方面对岩石进行破坏,因此又可分为生物物理风化作用和生物化学风化作用,但生物化学风化作用更为普遍些。

由生物活动导致岩石机械破碎的过程称生物物理风化作用,常见的一种形式为根劈作用(图 4.2)。生长在岩石裂隙中的植物,随着植物的长大,根系也逐渐长大膨胀,促使岩石裂隙扩大、加深,以致崩解,这种作用在植被茂盛、岩石裂隙发育的地区是非常常见的。

由于生物活动引起岩石化学成分变化而使岩石破坏的过程称生物化学风化作用。这种作用通常是通过生物在新陈代谢过程中分泌出的物质和死亡之后腐烂分解出来的物质对岩石起化学反应完成的。生物在新陈代谢过程中,一方面从土壤和岩石中吸取养分,而另一方面又分泌有机酸、碳酸、硝酸等酸类物质以分解矿物,促使矿物中一些活泼的金属阳离子(Na^+、K^+)游离出来,一部分供生物吸收,另一部分随水溶液带走,从而使岩石破碎。

生物风化作用的产物包括两部分:一部分是生物物理风化作用形成的矿物、岩石碎屑,在成分上与原岩相同;另一部分是生物化学风化作用的产物,其特征是在物质成分上与原岩不一样。生物风化作用的一种重要产物就是土壤,确切地说它是物理、化学和生物风化作用的综合产物,但尤以生物风化作用为主,使其富含腐殖质。土壤一般为灰黑色、结构松软、富含腐殖质的细粒土状物质,与一般残积物的主要区别在于含有大量腐殖质,具有一定的肥力。

图 4.2　根劈作用

4.2.3　河流剥蚀、搬运、沉积作用

1. 河流的剥蚀作用

　　河流在流动过程中，以其自身的动力(活力)以及所挟带的泥沙对河床进行破坏，使其加深、加宽和加长的过程称为河流的侵蚀作用。

　　一条河流在地面上是沿着狭长的谷地流动的，这个谷地称河谷。河谷在平面上呈线状分布，在横剖面上一般为近"V"字形，主要由谷坡、谷底、河床组成。河谷两侧的斜坡称为谷坡，谷坡所限定较平坦的底下部分称谷底，河床是指常年被水占据的水槽，这三者常称为河谷要素(图 4.3)。

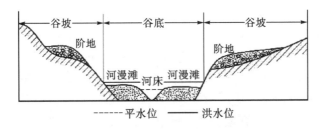

图 4.3　河谷形态要素示意图

1)河流的下蚀(底蚀)作用

　　流动的河水具有一定的动能，由于河床底部是倾斜的，流水在重力的作用下产生一个垂直向下的分量作用于河床底部，使其受到冲击而产生破碎；同时，河流常挟带有砂石，在运动过程中对河床底部也有冲击和磨蚀作用，使其产生破坏。在长期的剥蚀作用下，河床就不断地降低，河谷加深、延长。河水及其挟带的碎屑物质对河床底部产生破坏，使河谷加深、加长的过程称为河流的下蚀作用。

　　河流的上游以及山区河流以下蚀作用为主，使河谷加深形成"V"字形的河谷。坚硬岩石分布区、断裂带和岩石垂直节理发育的构造软弱带，以及新构造运动上升地区常形成"V"字形河谷。

　　云南元江（红河）"V"字形深谷，谷深约 170 m（图 4.4）。区域受新构造运动影响，新近纪喜马拉雅期地壳持续抬升，同时伴有地块差异性升降活动和断裂构造持续活动，河流深切，谷坡变陡，形成"V"字形深谷，河床纵剖面坡降很大，河床底部起伏不平，水流湍急，沿河多急流、瀑布，侵蚀作用以下蚀为主。

图 4.4　元江（红河）"V"字形深谷

2）河流的侧蚀（旁蚀）作用

　　河水以自身的动力及挟带的砂石对河床两侧或谷坡进行破坏的作用称为河流的侧蚀作用。侧蚀作用的结果是使河床弯曲、谷坡后退、河谷加宽。

　　侧蚀作用的结果是"凸岸更凸，凹岸更凹"，原来弯曲较小或较平直的河床变得更弯曲（河流弯度增大），形成河曲（河床的连续弯曲）。河床曲率越来越大时，河床的上下河段越来越接近，形成狭窄的曲流颈；洪水时，曲流颈被冲开，河道裁弯取直，形成牛轭湖。

　　下蚀和侧蚀作用是同时发生的，仅在不同河流及不同河段上表现得强弱不同。河流的下游以及平原区河流以侧蚀作用为主，塑造宽平谷地，横剖面为蝶形的河谷。

2. 河流的搬运作用

　　河流的搬运作用是指河流将其携带的物质向下游方向运移的过程。

　　河流的上游以推移、跃移和悬移三种方式并存，中下游以跃移和悬移为主。在河流中，较粗大的砾石是推移搬运的，砾石的长轴总是垂直水流方向，其最大扁平面倾向河流上游，据此可判断古代河流的流向。

3. 河流的沉积作用

　　河流的沉积作用是指河流搬运能力降低时，搬运物沉积的过程。河流的沉积作用，自上游至下游普遍存在。

1）滞留砾石沉积

在河流上游，由于坡降大，河流具有较大的动能，其携带的细粒物质被冲走，粗粒物质留下来称为滞留沉积。沉积物以河床砾石为主。

2）边滩与河漫滩沉积

河流在迁移弯曲的过程中，挟带的碎屑物在凸岸一侧沉积形成浅滩。随着河流不断侧向迁移，浅滩也不断增长，形成宽阔的边滩（图 4.5）。大河的边滩沉积以砂为主，小河的边滩沉积可粗至砾石级。边滩沉积发育大型板状交错层理。

河流洪水期淹没河床以外的谷底部分，边滩进一步增长，形成河漫滩。河漫滩沉积具有水平薄层层理和下粗上细的二元结构。

3）心滩沉积

心滩主要形成于宽河段，洪水期形成双向环流，表流从中央向两侧流，底流从两侧向中心汇聚，然后上升，由于水流的相互抵触和重力作用，使碎屑在河心发生沉积（图 4.5）。心滩是河床内的沉积地貌，在平水期高出水面，洪水期被淹没。多次洪水使心滩扩展、加高，最后露出水面。心滩沉积具有砾石、粗砂、粉砂和黏土夹层，发育大型槽状交错层理。

图 4.5 河流边滩与心滩沉积

4）天然堤与决口扇沉积

洪水期河水漫越河岸，由于河水变浅，流速骤减，河水所携带的大量悬浮物质很快在岸边沉积下来，形成天然堤。沉积物主要是粉砂和泥，两者常呈互层。

决口扇是洪水冲决天然堤，在天然堤外侧斜坡上形成的扇状堆积物。沉积物主要是细砂和粉砂。

5）牛轭湖沉积

沉积物底部是侧向加积形成的河道沉积物，往上为垂向加积的粉砂和黏土，富含有机质，一般具水平层理。垂向加积的细粒物质由洪水期河流带来。

6) 山口沉积

来自山区的河流，在流出山口时，由于坡降明显减小，水流无地形约束而散开，河流的搬运能力显著降低，所携带的大量碎屑物便堆积在山口开阔的平地上。沉积物堆积成半圆锥形或扇状地貌，称为冲积锥或冲积扇。

7) 河口沉积

当河流进入河口时，水域变宽，再加上海水或湖水对河流的阻碍作用，流速减小，机械搬运物便大量沉积下来，形成三角洲。

4.2.4　重力地质作用

重力地质作用又称块体运动，是指地表的各种土层、风化岩石碎屑、基岩及松散沉积物等在重力作用下向低处运动的过程。根据重力地质作用的力学性质、作用过程和运动特点可以分为：崩塌作用、潜移作用、滑动作用、流动作用。

1) 崩塌作用

崩塌作用分为崩落作用和塌陷作用。

崩落作用是指岩石块体以急剧快速的方式与基岩脱离，沿斜坡崩落、滑滚，并在斜坡底部形成崩积物的过程。崩落作用在高山地区最为常见，在河岸、海崖等地形陡峻地区也常常发生。快速崩塌的堆积物形成倒石堆(图 4.1)，倒石堆是暂时性的堆积物，很快会被地面流水搬走。地史中崩落现象很普遍，但倒石堆很少保留下来。

塌陷作用的先决条件是地下存在空洞或空穴。悬在地下空洞上方的岩石在重力的作用下塌陷，造成地面陷落。

2) 潜移作用(蠕动)

潜移作用指斜坡上的表面堆积物在重力作用下发生缓慢位移的现象，又称为蠕动(图 4.6)。潜移作用运动速率缓慢，每年数毫米至数厘米；受堆积物性质、地形和外动力因素支配；移动体与不动体之间不存在明显的滑动面，两者之间呈连续的渐变过渡关系，属于黏滞性运动。常见的有土层潜移、地层潜移挠曲。

图 4.6　蠕动对植物的影响

3)滑动作用

黏结性块体沿着一个或几个滑动面向下滑移的过程称为滑动作用。滑坡是滑动作用最典型的产物。

斜坡上的土体和岩体,由于地表水和地下水的影响,在重力作用下沿一定滑动面整体下滑的现象称为滑坡。滑坡是重要的地质灾害之一。

4)流动作用

大量积聚的泥质、土壤、岩块石屑等,在水分的充分浸润饱和下,沿着斜坡、谷地流动的过程。以泥土为主的叫土流,以石块为主的叫石流,最典型的流动作用是石、土和水的混合流,称为泥石流。泥石流又称为山洪泥流,是山区特有的一种地质灾害。

4.2.5 构造运动在地貌上的表现

地貌是地质作用所形成的特定地表形态,构造运动对一些地貌的形成具有明显的控制作用。反过来,这些与构造运动有关的地貌成为我们研究构造运动的有力证据。由于古老的地貌往往早已被剥蚀殆尽,所以现今地貌一般反映的是新构造运动所造成的结果。反映地壳垂直运动的常见地貌有河流阶地、深切河曲、准平原、夷平面等。

1)河流阶地和深切河曲

在地壳运动相对稳定时期,河流以侧蚀作用为主,河谷不断侧向迁移,形成宽阔的河谷,河谷中形成由冲积物构成的河漫滩。如果地壳运动使该区域处于上升状态,则河流侵蚀基准面下降,河流的下蚀作用重新加强,使河床降低,原有的河漫滩相对升高,一般洪水已不能达到,形成分布于河谷谷坡上、洪水已不能淹没的、顶面较平坦的台阶状地形,称为河流阶地(图4.7)。

图4.7 河流阶地

若该区域地壳运动表现为多次的上升—稳定—上升的过程,就会沿河谷出现多级阶地,其中位置愈高的形成时间愈早,通常从河漫滩以上最低一级阶地算起,从下而上或由新到老依次称为一级、二级、三级阶地等。因此，河流阶地常可看作地壳垂直运动的标志之一，阶地面的相对高差大致反映了地壳上升的幅度。

在地壳相对稳定时期经长期演变已经发展成蛇曲的河流，若地壳转为上升，河流下蚀作用加强，河床降低，并深切至基岩，形成在河谷横剖面形态上呈"V"字形谷，而河谷在平面上仍保留极度弯曲的蛇曲形态的不协调现象，称为深切河曲。它反映了地壳由相对稳定转向强烈上升运动的特征。

2) 准平原和夷平面

地壳处于相对稳定时期，流水及其他各种表层地质作用长期共同对陆地表面进行改造，其总趋势是把原来地表高差较大的形态，经过风化、剥蚀把它削低，同时又将破坏下来的物质搬运到地表低洼处进行堆积，以减少地表的高差。这种"削高填低"的结果，使广大地区内形成只存在零星分布的、高度不大的剥蚀残丘，整个地区变得比较平坦，这种近似平原的地形称为准平原，这种作用称为夷平作用。

当地表演变到准平原阶段之后，如果地壳又重新上升，准平原被抬高，并遭受流水切割而成为山地，这时在山地的顶部可以残留着原有准平原的遗迹，即相当平坦的顶面。其范围可大可小，上面可见到准平原时期的沉积物或风化壳，而且一系列相邻的平坦山顶大致位于同一高度，它们代表了已被破坏的原来准平原的表面，称为夷平面。根据夷平面上沉积物或风化壳的年代可判断其形成年代，根据夷平面的高度可以推算准平原形成后地壳的上升幅度。

4.2.6 地质体间重要接触关系

地质体间接触关系是指新老地层(或岩石、岩体)在空间上的相互叠置状态，受构造运动的控制，同时也记录了构造运动的历史。最基本的接触关系有整合、平行不整合和角度不整合三种。

1) 整合

是指上下两套地层的产状完全一致、时代连续的一种接触关系。它是在地壳稳定下降或升降运动不显著的情况下，沉积作用连续进行，沉积物依次堆叠而形成的。

2) 平行不整合

又称假整合。其特点是上、下两套地层的产状基本保持平行，但两套地层的时代不连续，其间有反映长期沉积间断和风化剥蚀的剥蚀面存在。平行不整合的形成过程是：①在地壳稳定下降或升降运动不显著的情况下，在一定的沉积环境中沉积了一套或多套沉积岩层；②地壳发生显著上升，原来的沉积环境变为陆上剥蚀环境，经长期的风化剥蚀后，地面上形成了凹凸不平的剥蚀面，剥蚀面上分布有古风化壳及铝土矿、褐铁矿等风化残积矿产；③地壳重新下降到水面以下接受沉积，形成新的上覆沉积岩层(其底部由于开始沉积的地形差异较大而常形成底砾岩)，由于地壳基本上是整体上升和下降的，故上、下两套地层的产状基本保持平行。所以，平行不整合的出现，反映了地壳的一次显著的升降运动。

野外观察要点

(1)测量上覆、下伏岩层和平行不整合面的产状,以确定不整合面上、下地层产状的一致性。也可通过在一段距离内的追索,确定上、下层是互相平行的。上、下层之间的平行关系,也可以通过读图来证实。

(2)平行不整合面的观察。主要观察凹凸不平和冲刷的特点。观察是否有底砾岩,底砾岩的分布特点、岩性特点和砾石成分特点。观察是否有向下部层位贯入的脉体,是否有古风化壳、古土壤及残积型矿产。

(3)平行不整合面上、下层的岩性观察,注意岩性、岩相的不连续及突变。

(4)平行不整合面上、下两套地层中古生物化石的观察,由教师讲解生物演化的特点及缺失的生物化石。

(5)上覆地层底部砾岩的观察与描述。主要观察砾石成分、大小、磨圆度、分选性、胶结物成分及胶结方式等。

---

3) 角度不整合

这种接触关系的特征是:上、下两套地层的产状不一致,以一定的角度相交;两套地层的时代不连续,两者之间有代表长期风化剥蚀与沉积间断的剥蚀面存在。角度不整合的形成过程为:①在地壳稳定下降或升降运动不显著的情况下,在沉积盆地中形成一定厚度的原始水平沉积岩层;②地壳发生水平挤压运动,使岩层产生褶皱、断裂等变形,岩层伴随着水平方向上缩短的同时,在垂直方向上则不断上升,并到达陆上的一定高度或成为山地,在此过程中还可能伴有岩浆作用与变质作用发生;③在陆上环境下,变形的地层遭受长期的风化剥蚀,形成凹凸不平的剥蚀面,同时在剥蚀面上形成古风化壳、残积矿产等;④地壳重新下降到水下沉积环境,在剥蚀面上又形成了新的原始水平沉积岩层(其底部常有底砾岩),新形成的地层与不整合面大致平行,但与不整合面以下的地层以一定的角度相交。所以,角度不整合反映了一次显著的水平挤压运动及伴随的升降运动。

野外观察要点

(1)角度不整合界面一般是经过长时期风化剥蚀作用后形成的呈凸凹不平或较平整的沉积间断面。因此在不整合面上可能保存有古风化壳、古土壤及残积型矿产。

(2)角度不整合面上、下两套地层在岩性和岩相上差别很大,其间缺失部分地层,时代相差甚远,反映在生物演化过程中存在不连续现象,即化石(群)种属突变,在变质作用及变质程度方面有明显差异。

(3)角度不整合界面上、下两套地层产状不一致，呈角度相交，上覆地层的底面盖在下伏不同时代的老地层之上。上覆地层的层面与不整合界面基本平行。而不整合界面上、下两套地层中的构造变形强弱程度及变形样式不同，构造线的方向也不尽相同。一般下伏地层的构造变形强烈而复杂，而上覆地层中的构造变形则相对弱而简单。

(4)角度不整合界面上覆地层的底部层常有由下伏老地层的岩石碎块、砾石组成的底砾岩。

平行不整合与角度不整合均属不整合接触关系，此外，岩浆岩与变质岩经陆上长期风化剥蚀后，再下降接受沉积形成的接触关系也属于不整合接触。不整合是构造运动的反映，利用不整合确定构造运动时代的方法是，构造运动发生在不整合面之下最年轻的地层时代之后与不整合面之上最老的地层时代之前。

4.2.7　构造运动引起的岩石变形

岩石变形是构造运动的重要表现和结果。沉积岩形成时除局部地区具有原始倾斜以外，基本上是水平产出的，而且在一定范围内是连续的；岩浆岩则具有原生的整体性。但是经过构造运动，岩层可由水平变为倾斜或弯曲，连续的岩层被断开或错动，完整的岩体被破碎等。岩石变形的产物称为地质构造，最常见的地质构造为褶皱和断裂。

1. 岩层产状

构造运动使岩石变形，形成各种地质构造。而这些地质构造的形态往往是由岩层或岩石在空间上的位置变化表现出来的。因此，要研究地质构造，首先必须确定岩层或岩石的空间位置。

地壳表面分布最广的岩石是沉积岩，由于沉积岩具有原生层理构造，所以它对记录岩石变形特征最为有利。沉积岩的基本单位是岩层，同一岩层一般由成分基本一致的物质组成，岩层与岩层之间由层理面或层面分开。一个岩层上、下两个层面，称为顶面和底面，岩层顶、底面间的垂直距离即岩层厚度，同一岩层的厚度通常是比较一致的，但有时也可出现岩层逐渐变薄并尖灭的现象。岩层在空间上的位置称为岩层的产状。岩层产状用岩层的走向、倾向和倾角来确定，这三者称为岩层的产状要素(图 4.8)。

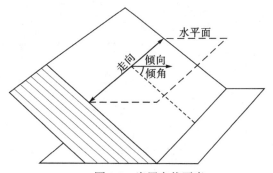

图 4.8　岩层产状要素

1）走向

岩层层面与假想水平面交线的延伸方向称走向，其交线叫走向线。走向表示岩层在空间的水平延伸方向，用走向线的地理方位角来表示（0°～360°）。由于走向线有两个延伸方向，故同一岩层的走向有两个值，两者数值相差180°。

2）倾向

岩层面上垂直于走向线向下所引的直线称为倾斜线，倾斜线在水平面上的投影所指的方向称为倾向。倾向表示岩层在空间的倾斜方向，一般用地理方位角表示（0°～360°），其数值与走向相差90°。岩层的倾向值只有一个。

3）倾角

倾斜线与其在水平面上的投影线之间的夹角称倾角（或真倾角）。它是岩层面与水平面之间所夹的最大锐角，倾角值为0°～90°。在不垂直岩层走向线的任何方向上量得的倾角称视倾角或假倾角，视倾角总是小于真倾角。

自然界的岩层按其产状可分为三种类型：水平岩层（倾角为0°）、倾斜岩层（倾角介于0°～90°）和直立岩层（倾角为90°）。其中以倾斜岩层最常见、分布最广。

2．褶皱构造

褶皱是岩层受力变形产生的连续弯曲，其岩层的连续完整性没有遭到破坏，它是岩层塑性变形的表现。褶皱的形态多种多样，规模有大有小。小的在手标本中可见，大的宽达几十千米、延伸长达几百千米。褶皱中的单个弯曲称为褶曲。

褶皱的基本类型有两种，即背斜和向斜（图4.9）。

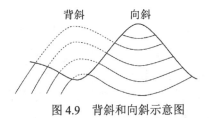

图4.9　背斜和向斜示意图

1）背斜

背斜在形态上是向上拱的弯曲，其两翼岩层一般相背倾斜（即以核部为中心分别向两侧倾斜），经剥蚀后出露于地表的地层具有核部为老地层、两翼岩层依次变新的对称重复特征。

2）向斜

向斜在形态上是向下凹的弯曲，其两翼岩层一般相向倾斜（即两翼均向核部倾斜），经剥蚀后出露于地表的地层具有核部为新地层、两翼地层依次变老的对称重复特征。

背斜形成的上拱及向斜形成的下凹形态，经风化剥蚀后，并不一定与现在地形的高低一致。背斜可以形成山岭，但也可以是低地；向斜可以是低地，但也可以构成山岭。因此，地形上的高低并不是判别背斜与向斜的标志。

　　虽说组成背斜两翼的岩层一般相背倾斜、组成向斜两翼的岩层一般相向倾斜，但实际工作中仅仅依靠岩层的产状来确定褶皱的基本类型是不可靠的，有时甚至是错误的。褶皱存在的根本标志是在垂直地层走向方向上出露的相同年代的地层作对称式重复排列。判断背斜的根本标志是核老翼新的对称式重复排列，判断向斜的根本标志是核新翼老的对称式重复排列。

　　褶皱的形成时代，通常是根据区域性的角度不整合的时代来确定。基本原则是，褶皱的形成年代为组成褶皱的最新岩层年代之后与覆于褶皱之上的最老岩层年代之前。

　3. 断裂构造

　　岩石受力后其连续性遭受破坏而发生破裂变形，形成断裂构造。断裂构造包括节理和断层两类。断裂构造在地壳中分布极为普遍，它既可发育于沉积岩中，也可广泛发育于岩浆岩与变质岩中。断裂构造的规模有大有小，巨型的长可达上千千米。

　1) 节理

　　断裂面两侧岩石沿断裂面没有发生明显相对位移的断裂称为节理(图 4.10)。沿着节理劈开的面称为节理面，用走向、倾向和倾角表示其产状。节理构造分布极为广泛，几乎到处可见，但在不同地区、不同的地质构造部位以及不同类型的岩石中，节理的发育程度是不同的。根据节理形成的力学性质，可将节理分为剪节理和张节理两类。

图 4.10　节理

　2) 断层

　　断裂面两侧岩石沿断裂面发生了明显相对位移的断裂称为断层。岩层被错开并沿之滑动的破裂面称为断层面，一般为平面，有时为曲面或断层带。断层发生的年代晚于被断层切割的最新地层的年代，早于覆盖在断层之上未受其切割的最老地层的年代。

野外观察要点

1) 构造线和地质体的不连续

岩层、含矿层、岩体、褶皱轴等地质体或地质界线等在平面和剖面上的突然中断、错开的现象，说明可能有断层存在。但要注意与不整合界面、岩体侵入接触界面等造成的不连续现象加以区别。

2) 地层的重复与缺失

在一区域内，按正常的地层层序，如果出现有某些地层的不对称重复，某些地层的突然缺失或加厚、变薄等现象，这都可能是断层存在的标志。

3) 擦痕、摩擦镜面、阶步及断层岩

断层面上平行而密集的沟纹称为擦痕，局部平滑而光亮的表面称为摩擦镜面。断层面上往往还有与擦痕方向垂直的小陡坎，其陡坡与缓坡呈连续过渡，称为阶步。它往往是断层间歇性活动或因断层运动受到某种阻力而形成的。擦痕、摩擦镜面及阶步均是断层滑动的直接证据。此外，擦痕的方向指示断层的相对运动方向，其中用手摸擦痕面时感到光滑的方向即为对盘运动的方向；阶步的陡坡倾斜方向也指示断层对盘的运动方向。断层带中因断层而形成的动力变质岩类称断层岩或构造岩，如断层角砾岩、糜棱岩、断层泥等。断层岩不仅是断层存在的岩石标志，而且断层岩的特征还能反映断层的性质、运动方向及形成的物理环境等。

4) 地貌及水文标志

较大规模的断层，在山前往往形成平直的陡崖，称断层崖。断层崖如被沟谷切割，便形成一系列三角形的陡崖，称断层三角面。此外山脊、谷地的互相错开，洪积扇的错断与偏转，水系突然直角拐弯，泉水沿一定方向呈线状分布，湖泊、沼泽呈条带状断续分布等，都可能是存在断层的间接标志。

4.2.8　地质罗盘的构造与使用

1) 罗盘的构造

地质罗盘仪的外形有长方形、方形和八边形。主要构件：磁针、顶针、制动器、方位刻度盘、水准气泡、倾斜仪(桃形针)、底盘等(图 4.11)。

方位刻度盘刻度 0°~360°，按逆时针方向刻制，东与西位置和实际相反。刻度盘上的 N 表示北(0°)，E 表示东(90°)，S 表示南(180°)，W 表示西(270°)。方位刻度盘的内圈有倾角刻度盘，刻度盘上与东西线(E-W)一致的为 0°，与南北线(S-N)一致的为 90°。

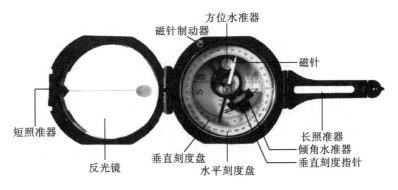

图 4.11　地质罗盘构造

2) 磁偏角校正

各地区的磁北方向与真北方向并非完全一致，二者之间的夹角称为磁偏角。为了在地形图上正确地标定地质要素的地理方位，野外工作首先要对罗盘进行磁偏角校正，使其读数能直接代表地理方位。磁偏角可以从测区正规的地形图上查到，东偏取 "+"，西偏取 "–"。校正的方法是拨动其刻度盘。例如，某地区磁偏角为西偏 5°25'（即为-5°25'），拨动罗盘的刻度盘，使 360°-5°25'=354°35' 的刻度对准指标（原 0°位置）即可消除因磁偏角引起的读数误差。

3) 方向测量

用罗盘测量某一目标的方向时，永远以 0°（即 N 方向）对准目标，使水准气泡居中，然后读磁针北端所指方位刻度盘上的数字，即为所测目标的方位角。记录时除记方位角值外，还要冠以所处象限名称，如 SW230°，其中 230°是方位角，SW 是象限符号。

4) 产状要素测量

（1）走向。将罗盘的长边与岩层面贴触，如罗盘无长边，则取与南北方向平行的边与层面贴触，并使罗盘放水平（水准气泡居中），此时罗盘长边与岩层的交线即为走向线，磁针（无论南针或北针）所指的度数即为所求的走向（图 4.12）。

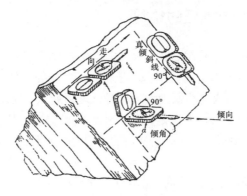

图 4.12　岩层产状测量示意图

(2)倾向。把罗盘的 N 极指向岩层层面的倾斜方向，同时使罗盘的短边(或与东西方向平行的边)与层面贴触，气泡居中，罗盘放水平，此时北针所指的度数即为所求的倾向。

(3)倾角。将罗盘长边或与南北方向平行的边与走向垂直，并贴紧层面，此时桃形指针在倾角刻度盘上所指的度数，即为所求的倾角(图 4.12)。

倾角写法如∠35°，其中，35°是倾角角度，"∠"是倾角符号。表示走向和倾向都用方位角，但走向有两个指向，可用两个方位数值(南针和北针所指数值)来表示，如 NE45°－SW225°。倾向只有一个指向，只用一个方位数值表示，如 SE135°。倾向与走向方位角之差为 90°。上述产状合起来可记录为：

$$\frac{NE45°}{SW225°}，\ SE\ 135°，\ \angle35°$$

在实际工作中为了简便，常用的文字记录格式为：倾向方位角∠倾角，如 135°∠35°表示倾向方位角为 135°(即东南方向)、倾角为 35°。因为倾向方位角加、减 90°即为走向方位角，所以一般不记录走向，直接记下倾向即可。

4.2.9　地形地质图判读

地形地质图是用规定的符号、色谱和花纹将一定范围内的各种地质体和地质现象(如岩层、岩浆岩体、地质构造、矿床等的时代、产状和相互关系等)，按一定比例投影到地形图上的一种图件。一幅正规的地形地质图具有图名、比例尺、图例、编图单位、编图日期和资料来源等。

阅读地形地质图的一般步骤如下。首先浏览一下地质图的图式规格，从图名了解图的地理位置和图的类型；从比例尺可以换算图幅面积，同时了解反映地质情况的详细程度和精度；根据出版单位和时间，可以了解资料的精确度和准确性，也可帮助我们查阅原始资料。然后，从图例着手，认真阅读图中所反映的地质构造特征及其他地质、矿产特征。通过图例可以清楚图幅内采用的各种符号、出露的地层和岩石类型，以及它们的生成顺序和时代等。图内阅读，首先是全面了解区内地形特征(根据等高线、山头及水系分布等)；然后，由老到新地分析地层的展布、接触关系、产状特征；进一步分析各类地质构造的形态和形成时代等。

4.2.10　信手地质剖面图的绘制

如果是横穿构造线走向进行综合地质观察时，应绘制信手地质剖面图，它表示横过构造线方向上地质构造在地表以下的情况，这是一种综合性的图件，既要表示出地层，又要表示出构造，还要表示出火成岩和其他地质现象、地形起伏、地物名称以及其他需要表示的综合性内容。绘好路线地质剖面图是地质工作者的一项重要基本功，必须掌握。

路线地质剖面图中的地形起伏轮廓是目估的，但要基本上反映实际情况，各种地质体之间的相对距离也是目测的，应基本正确，各地质体的产状则是实测的，绘图时，应力求准确。

图上内容应包括图名、剖面方向、比例尺(一般要求水平比例尺和垂直比例尺一致)、地形的轮廓，地层的层序、位置、代号、产状，岩体符号、岩体出露位置、岩性和代号，断层位置、性质、产状，地物名称(图 4.13)。

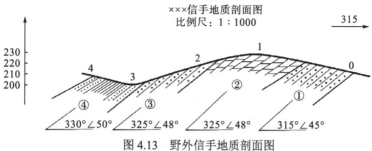

图 4.13　野外信手地质剖面图

具体绘图步骤如下。

(1)估计路线总长度，选择作图的比例尺，使剖面图的长度尽量控制在记录簿的长度以内，当然，如果路线长、地质内容复杂，剖面可以绘得长一些。

(2)绘地形剖面图，目估水平距离和地形转折点的高差，准确判断山坡坡度、山体大小，初学者易犯的错误是将山坡画陡了。一般山坡不超过 30°，更陡的山坡人是难以顺利通过的。

(3)在地形剖面的相应点上按实测的层面和断层面产状，画出各地层分界面及断层面的位置、倾向及倾角，在相应的部位画出岩体的位置和形态。相应层用线条连接以反映褶皱的存在和横剖面的特征。

(4)标注地层、岩体的岩性花纹、断层的动向、地层和岩体的代号、化石产地、取样位置等。

(5)写出图名、比例尺、剖面方向、地物名称、绘制图例符号及其说明，如为习惯用的图例，可以省略。

从作图技巧方面来说，应注意三个"准确"：①地形剖面图要画准确；②标志层和重要地质界线的位置要画准确，如断层位置、煤系地层位置、火成岩体位置等；③岩层产状要画准确，尤其是倾向不能画反，倾角大小要符合实际情况。此外，线条花纹要细致、均匀、美观，字体要工整，各项注记的布局要合理。

4.3　实　习　内　容

4.3.1　实习目的与要求

1)实习目的

(1)认识三大岩石类型(以沉积岩为主)，掌握岩石的肉眼鉴定方法和步骤。

(2)学会使用地质罗盘测量方向和岩层产状。

(3)明确地形地质图的概念，学会阅读地形地质图的一般步骤和方法。

(4)掌握信手地质剖面图的绘制方法。

(5)认识外动力地质作用(表层地质作用)，包括：风化作用、剥蚀作用、搬运作用、沉积作用和成岩作用。

(6)认识内动力地质作用(内部地质作用),以构造运动为重点。

(7)学会分析常见地质现象,掌握地质野外工作方法,训练独立野外工作能力。

2)实习要求

(1)遵守纪律,服从实习指导老师和各组组长的安排,团队分工合作,注意安全;认真听讲,仔细进行野外观察,积极主动思考。

(2)系统记录,包括:实习路线和各实习点的位置、目的与任务、主要观测地质内容及现象,详细描述关于地质体及地质现象成因的思考,需附重要地质现象、地质体野外图件和说明。认真完成实习报告(包括必要的图件)。

4.3.2　实习路线及主要知识点

实习区位于云南省玉溪市元江哈尼族彝族傣族自治县和新平彝族傣族自治县境内。

实习路线由元江县开始沿 G8511 高速和 306 省道到新平县结束(图4.14),包括 5 个主要实习点(图4.14 中①~⑤):元江县红河大桥附近、元江县城至新平县大开门村高速公路沿途、新平县大开门村至新平县城省道公路沿途、新平花山公园、新平磨盘山。

图4.14　地质地貌实习路线示意图

实习点及主要知识点见表 4.4。实习内容主要涵盖三个方面。

1）地质技能和野外地质工作方法

主要包括岩石鉴定、地质罗盘和 GPS 使用、地形地质图判读、信手地质剖面图绘制等。要求掌握地质、地貌野外资料的记录方法。

2）地质、地貌现象观察与分析

主要包括风化作用、河流地质作用、重力地质作用、构造运动在地貌上的表现、地质体间重要接触关系（构造运动在地层中的表现）、构造运动引起的岩石变形等。要求掌握以上地质体和地质现象的形成原因和过程。

3）资料记录、综合分析与报告撰写

主要包括野外记录资料的归纳与整理、综合分析观测结果、提出并解决科学问题、实习报告撰写等。要求主动思考，掌握科技论文、报告的写作规范。

表 4.4　实习点及主要知识点

实习点	主要知识点
①元江红河大桥	元江河流剥蚀、搬运、沉积作用；构造运动在地貌上的表现；地形地质图判读
②元江—大开门沿途	风化作用；河流剥蚀、搬运、沉积作用；重力地质作用
③大开门—新平沿途	岩石观察与鉴定；风化作用；河流剥蚀、搬运、沉积作用；重力地质作用；构造运动在地貌上的表现；地质体间重要接触关系（构造运动在地层中的表现）；构造运动引起的岩石变形；地质罗盘的构造与使用；信手地质剖面图的绘制
④新平花山公园	岩石观察与鉴定；河流剥蚀、搬运、沉积作用；构造运动在地貌上的表现；地质体间重要接触关系（构造运动在地层中的表现）；构造运动引起的岩石变形；地质罗盘的构造与使用；地形地质图判读；信手地质剖面图的绘制
⑤新平磨盘山	岩石观察与鉴定；风化作用；河流剥蚀、搬运、沉积作用；重力地质作用；构造运动在地貌上的表现；地质体间重要接触关系（构造运动在地层中的表现）；构造运动引起的岩石变形；地质罗盘的构造与使用；地形地质图判读；信手地质剖面图的绘制

实习作业与思考题

（1）什么是岩层产状？什么原因导致了岩层产状的不一致性？

（2）根据野外实地观察阐述观察点所在区域的地层出露概况和地层的接触关系。

（3）从岩层的产状和坡度、坡向的关系，分析观察点一线边坡的稳定性，以及对公路的影响。

（4）阐述河流阶地的形成原因和河流的发育过程。

（5）阐述冲积扇的形态结构和形成原因。

（6）分析地质地貌环境和人类活动的相互关系。

（7）分析内动力地质作用和外动力地质作用对地貌特征的影响。

（8）实习区受新构造运动影响，发育山地河流地貌，易发生滑坡、崩塌、泥石流地质灾害。请根据实习区内的地质、地貌及其利用情况，设计研究计划和工作方案，分析并讨论山地河流流域地质灾害形成的位置及原因，了解其防治方法，说明实习区内对地质灾害的防治有哪些可取与不足之处。

(9) 唐代诗人胡玢所作《庐山桑落洲》中有"莫问桑田事，但看桑落洲。数家新住处，昔日大江流。古岸崩欲尽，平沙长未休……"这样的描述，反映了古人对河流地貌及聚落分布的观察。请结合河流的一般发育过程，设计研究计划和工作方案，通过地质、地貌证据，分析并讨论河流地貌对聚落分布的影响，聚落规模与河流地貌的关系。特别注意，实习区受新构造运动影响，发育山地河流地貌，分析其聚落分布有何特点。

主要参考文献

高抒，张捷. 2006. 现代地貌学[M]. 北京: 高等教育出版社.

舒良树. 2010. 普通地质学[M]. 3 版. 北京: 地质出版社.

汪新文. 2013. 地球科学概论[M]. 2 版. 北京: 地质出版社.

袁宝印，李荣全，张虎男，等. 1991. 地貌研究方法与实习指南[M]. 北京: 高等教育出版社.

云南省地质矿产局. 1990. 云南省区域地质志[M]. 北京: 地质出版社.

第5章 气象与水文实习

5.1 实习地点的气候、水文背景

元江县于 1953 年 8 月建立气象站，1990 年 4 月改制为元江县气象站，属国家一级(基准)气候站，观测资料参加全球互换。其主要职责包括：短期天气预报服务及中、长期天气情报、气候资料、雷电检测、农业气象等服务；开展人工降雨、防雹作业、雷电灾害防御、防雷检测等业务，以及提供天气决策、地质气象灾害服务等。元江县气象局设有：①气象探测中心，主要负责地面观测等基本气象业务工作，管理气候资源的开发利用和气象探测环保工作；②气象科技服务中心，主要负责天气预报的制作、发布，提供气象决策及公益服务，承担天气预报、情报服务、气象宣传和气象服务产品制作、电视天气预报、气象信息、12121天气查询系统维护及气候资源的开发利用等专业、专项气象服务工作；③雷电中心，负责本县防雷产品的管理、防雷技术的开发、交流、咨询以及雷电灾害的调查取证，负责对本县内建(构)筑物的避雷装置进行检测，审核施工图纸等工作；④人工影响天气中心，负责规划、管理、组织、指挥、协调、宣传全县人工影响天气工作。

水文学野外实习站点为元江上所设的元江水文站，属红河流域元江水系，也是云南省水文水资源局玉溪分局管理的国家重要站、大河重要控制站。元江站于 1953 年 5 月 21 日由云南省农林厅水利局设立，位于云南省玉溪市元江县澧江镇金银巷，1954 年 1 月 1 日基本水尺断面下迁 15m，改称元江站。该站所处河段顺直，河床由细沙卵石组成，左岸漫滩部分有芦苇生长、农田种植甘蔗及杧果树，高水位时影响测流；断面下游有一段沙滩，左岸常有人取砂石料。南溪河从该站上游 1km 处汇入，对水位影响较小，来水量大时，对河流含沙量造成影响。元江站洪水属于缓涨徒落偏态型。元江站断面的记录历史最大洪水出现于 1986 年 10 月 10 日，水位达 387.76m，流量 7520m^3/s，日洪量为 846×10^4 m^3；而历史最大降水量记录发生于 1981 年 5 月 19 日，日降水量达到 118.3mm。

进行气象和水文观摩实习均在澧江镇，为元江哈尼族彝族傣族自治县政府所在地。元江县境内各地年平均气温 12~24℃，最冷月平均气温 7~17℃，最热月平均气温 16~29℃，极端最低气温-7~-0.1℃，极端最高气温 28~42.5℃。元江县的无霜期达 200~364d，年平均降水量 770~2400mm，雨季介于 5~10 月。

5.2 气象观测与内业

5.2.1 气象观测场址的选择

地面气象观测的主要项目是在观测场内通过各种仪器和目视进行测定的，观测场地的选择是否适宜,对观测资料的代表性、准确性和比较性影响大。观测场址选择一般要满足如下要求。

(1)观测场四周平坦空旷,并能代表周围地形地势,在城市和工矿区应选在当地主要风向的上风方向。

(2)观测场四周应无高大建筑物,避免靠近深谷、高山、水面、大树林等。对四周的障碍物至少应远离场址该障碍物高度的3~10倍距离。

(3)观测场的大小,根据需要和仪器设备情况,一般分25m×25m和16m×20m两种,气象哨则选择5m×6m。

(4)场地要求平整,并能铺高不超过2cm的草皮。场地四周应围以1.2m的稀疏的白漆木栅栏,既能保持场内空气的流通,又能保护场内仪器设备。

(5)台站房屋应建在观测场的北侧。场门设在北面,场内铺供观测用小路,路面宽0.3~0.5m,场外四周设排水沟。建场后应测出场址的海拔和经纬度。

气象观测场内部布设情况见图5.1。

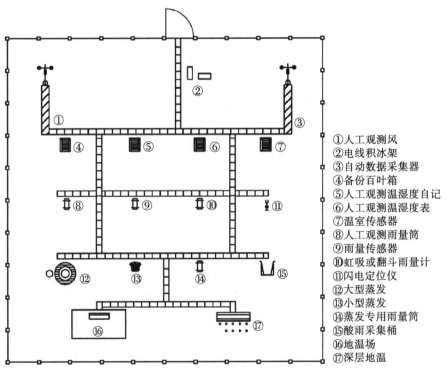

①人工观测风
②电线积冰架
③自动数据采集器
④备份百叶箱
⑤人工观测温湿度自记
⑥人工观测温湿度表
⑦温室传感器
⑧人工观测雨量筒
⑨雨量传感器
⑩虹吸或翻斗雨量计
⑪闪电定位仪
⑫大型蒸发
⑬小型蒸发
⑭蒸发专用雨量筒
⑮酸雨采集桶
⑯地温场
⑰深层地温

图5.1 气象观测场平面图(秦伟等,2014)

5.2.2 基本气象要素观测

1. 温度与湿度的观测

气象观测常用的温度表是玻璃液体温度表,其采用的是热胀冷缩的测温原理,即利用测温液体的升降幅度来表征气温的变化。根据观测要求的不同,将玻璃液体温度表制成普通温度表、干湿球温度表、最高温度表、最低温度表、地面温度表等不同类型。温度计和湿度计是分别用来记录温度和湿度连续变化的仪器，其构造分为感应部分、传递放大与自记三大部分，即感应部分受温度和湿度的变化而发生形变，利用杠杆传递和放大将这种移动传递到笔尖上，并记录于自记钟上的自记纸上。百叶箱和通风式干湿表内安放不同类型的温度表和湿度计，是常用来测定温度和湿度的仪器。

　　小百叶箱(图 5.2)内安放有干湿球温度表和最高、最低温度表。干湿球温度表垂直安置于箱内特制铁架横梁两端，湿球在西、干球在东，球部距地面为 1.5m。湿球下方有一个带盖的水盂固定在架下面的横梁上，湿球纱布穿过杯盖的狭缝进入水盂并浸入水中，保持纱布湿润。最高、最低温度表均为球部向东，水平放置在铁架下面横梁的钩上，最高温度表为防止水银柱滑向头部，放置时头部略高，球部中心距地面高度为 1.53m；最低温度表球部中心距离地面为 1.52m，放置于较低的钩上。大百叶箱内安置温度计和湿度计，温度计安置于前面的木架上，感应部分距地面 1.5m，湿度计安置于后面稍高的木架上。

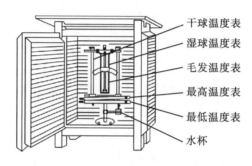

图 5.2　百叶箱内的设置(邓俊，2015)

　　读干湿球温度表示数时，应遵循"先读干球，再读湿球；先读小数，再读整数"的原则。记录后，按前面步骤复读干、湿球温度表。随后读最高、最低温度表，记录，再复读，并调整最高、最低温度表。最后，观测大百叶箱的温度计和湿度计，并记上时间记号。

　　通风式干湿表(图 5.3)是在野外测定空气温度和湿度的良好仪器，具有携带方便、精确度较高、抗干扰能力强的优点，是目前地理野外考察测定空气温度、湿度的主要仪器。其工作原理与固定式干湿表相同，除了具有一对规格相同用来测定温度和湿度的仪表外，还有防热辐射装置、通风装置及挂钩、防风罩、注水皮囊等组成部分。

　　在观测得到干球温度 t 和湿球温度 t' 后，可以用空气湿度值计算公式进行计算得到湿度值。但由于公式烦琐，计算时易出错，因此可通过事先制作好的湿度查算表解决实际工作中的查算问题。中国气象局 1986 年编制的湿度查算表(甲种本)主要由 5 个表组成，表 1 表示湿球结冰部分的空气湿度，表 2 表示湿球未结冰部分的空气湿度，表 3 表示湿球温度的气压订正值，表 4 是当干球温度小于−20℃时通过相对湿度 U 反查水气压 e 和露点温度 t_d 的表，表 5 是当气压较低、温度较小时查算订正参数 n 值的附加表。查表时，根据湿球结冰与否，决定使用湿度表 1 或湿度表 2。

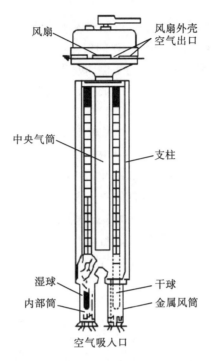

图 5.3   通风式干湿表(中国气象局，2003)

2. 气压观测

气象站常用水银气压表测定气压，并用气压计记录本站气压的连续变化。野外观测则常用空盒气压表。

水银气压表可分为内管、外管套、水银槽与附属温度表等部分。其原理是：将玻璃管封闭的一端装满水银，开口一端插入水银槽中，管内水银柱受重力作用而下降，当作用在水银面上的大气压强与玻璃管内水银柱的压强相平衡时，水银柱就稳定在某一高度不再下降，这个高度就是当时的气压。水银气压表分为动槽式水银气压表和定槽式水银气压表，这里主要介绍动槽式(福丁式)水银气压表(图 5.4)。该气压表的主要特点是有一个"固定零点"，每次观测前，将水银面调整到这个零点上，以保证测压的准确性。观测步骤如下：①观测附属温度表(简称"附温表")，精确到 0.1℃。当温度低于附温表的最小刻度时，在紧贴气压表的地方挂一支具有更小刻度的温度表作为附温表。②调整水银槽内水银面，使之与象牙针恰好相接。动作轻慢地旋动槽底调整螺旋，使槽内水银面缓慢升高，直到象牙针尖与水银面相接，且水银面上既无小涡也无空隙为止。若出现了小涡，则须重新调整。③调整游尺并读数。使游尺稍高于水银柱顶，且视线与游尺环的下缘在同一水平线上，再缓慢下降游尺，直到游尺环的下缘与水银柱凸面顶点相切，在游尺下缘即可读出整数。④从游尺上找出一条与游尺上某一刻度相吻合的刻度线，则游尺上这条刻度线的数字就是小数读数。⑤读数并记录后，旋转槽底调整螺旋，降低水银面，使其与象牙针尖距离 2~3mm(陈武框等，2008)。

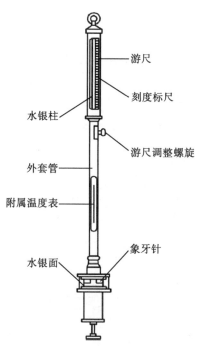

图 5.4　动槽式水银气压表(于治信，1979)

游尺

刻度标尺

水银柱

游尺调整螺旋

外套管

附属温度表

象牙针

水银面

　　气压计由感应、传递放大和自记三部分组成。测压原理与空盒气压表相同，其感应部分由几个空盒串联而成；传递放大部分由两组杠杆组成；自记部分与温度计、湿度计相同。气压计水平稳固地安置在室内水银气压表附件的台架或桌子上，用于预测天气变化，气压高时天气晴朗；气压降低表示将有风雨天气出现。气压计主要有水银气压计和无液气压计两种类型。

　　3. 风的观测

　　风的观测包括风向和风速两项，风向由十六方位表示，并以拉丁文缩写记录；风速是空气运动的水平分量，以 m/s 为单位。风的观测仪器主要有电接风向风速仪、测风数字处理仪和轻便三杯风向风速表等。测风数据处理仪凭借其测风速度快、准确性高的特点，可取代 EL 电接风向风速仪，目前使用最多的测风数字处理仪是 EN1 型测风数字处理仪与EL 型测风感应器配套组成的 EN1 型自动测风仪。该仪器工作原理：感应器风杯带动发动机输出的交流电压频率作为测风数字处理仪的风速信号，风向标带动的接触器与固定方位块组成的开关作为风向信号，测风数据处理仪对这些信号进行各种数据处理后能实现多种测风目的，如定时打印出 2min、10min 的平均风向风速；按设定风速自动打印输出大风警报、航危警报等四个警报及解除警报的风向风速和所需时间，并发出报警信号等。

　　当所处环境无法通过仪器测风向和风速时，就需要通过观察风对地面或海面物体作用引起的现象得到风向风速(见相关教材的风力等级表)(附表 1.1)，将风力大小分为 13 级(0～12 级)，根据风的影响范围预测风力等级，并转换成风速；根据地面物体，如炊烟、旌旗、布条展开的方向及人体的感觉等方法得到风向。

4. 降水观测

降水量是衡量一个地区降水多少的数据，指从天空降落到地面上的液态或固态(经融化后)水在未经蒸发、渗透、流失而积聚在水平面上的水层深度，以 mm 为单位，气象观测时取一位小数。气象台站测定降水量常使用雨量器和雨量杯(图 5.5)，降水量和降水强度的连续观测记录仪器是翻斗式遥控雨量计或虹吸式雨量计(图 5.6)。

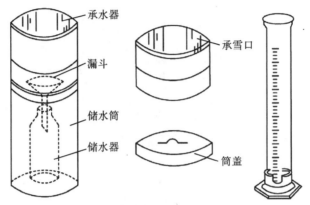

图 5.5　雨量器及雨量杯(雒文生等，2010)

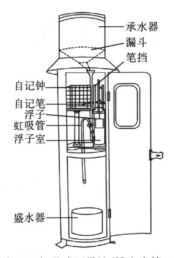

图 5.6　虹吸式雨量计(雒文生等，2010)

1)雨量器及雨量杯

雨量器的外壳是金属圆筒，由接水的漏斗口、收集雨量的储水瓶和外套筒组成，并配有专门的量杯。我国采用的雨量器筒口直径为 20cm。雨量杯是特制玻璃杯，杯上的刻度一般从 0mm 到 10mm，最小分度值是 0.1mm，每一大格代表 1mm。雨量杯的直径一般为 4cm，与直径为 20cm 的雨量器配套使用。量杯上刻度为 1mm 的实际长度是 25mm，代表雨量器内所聚的水深为 1mm。

雨量器应水平安置于观测场内固定的架子上，且筒口距地面 70cm。每天 8:00、20:00

观测前 12h 的降水量。由于夏天气温高，蒸发旺盛，在阵性降水后，为防止蒸发，应在降水停止后立即进行观测。

液态降水的读取方法有两种：①将贮水瓶取回室内，贮水瓶中雨水倒入雨量杯中，用食指和拇指夹住量杯上端使其自由下垂，或将量杯放在水平桌面上，视线与液面齐平，凹液面最低处刻度即降水量，将其记入观测簿；②用专用台秤直接称量，但减去容器重量折合的毫米数才是实际降水量。当降水很小或没有降水时，可在观测场将瓶内的水倒入量杯内进行观测；当降水量不足 0.05mm 或观测前确有微量降水，但因蒸发过快，观测时贮水瓶中已没有储水，则将降水量记为 0.0。

固态降水的确定方法：将已承接固体降水物的储水筒取下并盖上盖子，将附着于筒外的降水物和泥土等清理干净，拿回室内用台秤称量。若无台秤，则待固态降水物融化后，再用量杯量取。紧急情况下，可在储水筒中加入定量的温水，在固态降水物完全融化后用量杯量取，量得的数值应减去加入的温水水量。禁止用火烤的方法融化固态降水。

2）虹吸式雨量计

虹吸式雨量计能连续记录液态降水量、降水强度和降水起止时间，气象台站常用的虹吸式雨量计的筒口口径为 20cm，由承水器、浮子室、自记钟、虹吸管组成。工作原理：承水器在接到的雨水穿过漏斗和铜管套后进入浮子室，浮子室内有一与直杆相连的浮子，自记笔固定在直杆的另一端从浮子室伸出来，当雨水进入浮子室后，浮子随水面升高，笔杆也随之上升，使笔尖在自记纸上连续记下降水量变化的曲线，虹吸管安装在浮子室，当浮子室内的水位达到虹吸管的顶部时，虹吸管便将浮子室内的雨水在短时间内迅速排出而完成一次雨量为 10mm 的虹吸；使浮子和笔尖下降；若仍有降水，笔尖又重新开始随之上升并记录。自动记录曲线的坡度代表了降水强度的大小。

遇到融化速度快的固态降水时，可照常使用虹吸式雨量计；除降雪外的其他固态降水都应将承水器口加盖，停止使用仪器并在观测备注栏注明原因，待发生液态降水时再恢复记录。有降水时，应对自记纸进行如下整理。

(1)时间差订正：凡 24h 内自记钟针时误差达 1min 及以上时，自记纸均须作时间订正。

(2)按上升迹线计算出两个正点记号间水平分格线实际上升的格数，即为该时降水量。

(3)降雪时按自记纸迹读取各时降水量，但应在自记纸背面注明降雪起止时间。

3）翻斗式遥控雨量计

翻斗式遥控雨量计与虹吸式雨量计一样，是连续记录液态降水的仪器，可测量及记录液态降水量、降水起止时间和降水强度。其盛水器口径为 20cm，测量最小分度值为 0.1mm。翻斗式遥控雨量计采用的是有线遥测，观测更加方便，被广泛使用。

5. 蒸发量观测

气象台站采用小型蒸发器(图 5.7)来观测蒸发量。小型蒸发器安装在观测场中的雨量筒附近，且终日能够受到阳光照射的地方。将一根铁柱(或木柱)埋入土内，将小型蒸发器放置在柱上钉在铁架上，并要求器口水平，口缘距离地面 70cm。小型蒸发器是一个口径

20cm、高 10cm，且侧面有一便于倒水用的小嘴的金属圆盘。小型蒸发器的口缘处镶有内直外斜、刀刃形的铜圈，为防鸟兽饮水，器口缘上附有铁丝罩。

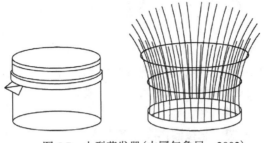

图 5.7　小型蒸发器(中国气象局，2003)

气象台站测定的蒸发量，是指 24h 内蒸发器中的水因蒸发而降低的深度，以 mm 为单位，取一位小数。用专用的量杯量取 20mm 清水倒入蒸发器内(干燥地区或干燥季节可倒入 30mm)，记为原量，每天 20：00 进行观测，并记录蒸发器内经 24h 蒸发后的剩余水量(统称"余量")，重新将蒸发器内清水加至 20mm，记入第二天观测簿原量栏中。蒸发量计算如下：

$$蒸发量=原量-余量 \tag{5.1}$$

若 24h 内有降水，则计算方法为

$$蒸发量=原量+降水量-余量 \tag{5.2}$$

在干燥地区或干燥季节会出现蒸发器内的水全部蒸发完的情况，观测薄应记为>20.0(>30.0)mm，但应尽量避免这种情况的发生。在冬季结冰期应采用称量法记录蒸发量：将 20mm 清水倒入蒸发器内，放在特制的带有毫米刻度的蒸发台秤上称水和蒸发器的总量(取毫米数)，经 24h 后，再称一次，减少的量即蒸发量。在整个结冰期间，不论结冰与否，一律用称量法。观测具体步骤、处理及注意事项见相关的气象观测指导书籍。

6. 日照观测

日照观测所需用品有暗筒式日照仪、日照纸、枸橼酸铁铵、赤血盐、脱脂棉等。测定日照时数的仪器主要有暗筒式日照计(图 5.8)和聚焦式日照计。本书主要介绍暗筒式日照计。

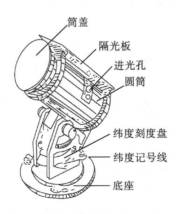

图 5.8　暗筒式日照计(高瑜等，2012)

暗筒式日照计用以观测阳光照射的起止时间及统计日照时数(高青芳,2009),由金属圆筒(底端密闭,筒口带盖,两侧各有一进光小孔,筒内附有压纸夹)、隔光板、纬度盘和支架底座等构成。金属圆筒的一端密闭,另一端有盖,筒身上部有一块隔光板,筒身上与隔光板垂直的两侧各有一个圆锥形的进光小孔,两孔与圆心的夹角为 120°且前后位置错开。筒内有一个弹性压纸夹,用以固定日照纸。阳光透过仪器上的小孔射入筒内,使涂有感光药剂的日照纸上留下感光痕迹线,照射过的记录纸经清水漂洗后,即能观测日照的起止时间及日照时数。松开圆筒下部的固定螺钉后,圆筒可绕支架轴旋转,支架下部有纬度刻度和指示纬度的刻度线。

日照纸应每天在日落后换纸,为方便日后查考,即使是全天无日照记录的阴雨天气,也应照常换纸。在换下的日照纸上沿感光迹线描画铅笔线,并按铅笔线长度计算日照时数(准确到一位小数)。然后,将日照纸放入清水中浸漂,3～5min 后取出晾干。复验感光迹线与铅笔线是否一致,若感光迹线比铅笔线长,则补描上这一段铅笔线,并更正日照时数,如果全天无日照,则记 0.0。

5.2.3　主要气象要素的分析与部分应用

1. 面降水量的计算

面降水量用来描述整个流域(区域)内单位面积上的平均降水量。面降水量区别于雨量站的观测数据,需要通过多个雨量站数据推求。等值线法是以等雨量线之间的面积来核算平均雨量,常用于较大流域或区域内、地形起伏较大并对降水影响显著的情况。现实中,常用算术平均或泰森多边形法进行计算(图 5.9)。

图 5.9　泰森多边形法(覃建明等,2017)

当待推求范围内地形起伏变化较小,雨量站分布比较均匀,则采用各站同一时段内的降水量的算术平均值作为面降水量:

$$\bar{x} = \frac{x_1 + x_2 + \cdots + x_n}{n} \tag{5.3}$$

式中,$\bar{x}$——面降水量,mm;

　　　x_i——第 i 个雨量站的降水量,mm;

　　　n——雨量站个数。

泰森多边形法(垂直平分法)使用范围和情景更为多样。具体是选择待推求面积上的雨量站和外边缘临近区的雨量站,用直线将选定雨量站连接成若干个三角形(尽可能是锐角三角形),然后作三角形各条边的垂直平分线(于鑫,2014)。产生由垂直平分线组成的若干个不规则的多边形。每个多边形的降水量由内部的一个雨量站代表,以 x_i 表示,则待推求的面降水量为各多边形的面积权重数(f_i,各多边形面积与总面积的比值)和多边形内站点降水量乘积的和:

$$\bar{x} = \frac{A_1 x_1 + A_2 x_2 + \cdots + A_n x_n}{A_1 + A_2 + \cdots + A_n} = \sum_{i=1}^{n} f_i x_i \tag{5.4}$$

2. 蒸发量的计算

蒸发是水循环的基本要素之一,是指水分变为气态的过程。水面蒸发是指发生在海洋、江河、湖库等水体表面的蒸发。气象站从蒸发皿测得的水面蒸发量则代表的是蒸发能力,也是水面蒸发。而土壤蒸发则是指发生在土壤表面或岩体表面的蒸发,植物蒸散发是发生在植物表面的蒸发。水面蒸发、土壤蒸发和植物蒸散发三者的总和是流域蒸散发或陆地蒸发。蒸发蒸腾(ET)包括土壤蒸发和植被蒸腾,是水文循环核算的重要内容。在开展植被蒸腾和土壤蒸发的计算中,土壤蒸发较多采用水量平衡法、经验公式法和器测法测量。植被蒸散发是蒸发研究的核心,本实习气象监测内业蒸发计算以水面蒸发和植物蒸腾为主。

1)水面蒸发的 Dalton 公式

Dalton 模型对近代蒸发理论的创立起到了奠基性作用。该模型根据乱流扩散理论,综合考虑风速、空气温度、湿度对蒸发量的影响,根据各地大型蒸发池的观测结果求出各地水面蒸发(陆美美等,2017):

$$E = (e_1 - e_2) \cdot \phi(W) \tag{5.5}$$

式中, E ——水面蒸发量;

e_1 ——水面水汽压;

e_2 ——地面一定高度处水汽压;

$\phi(W)$ ——风速函数。

2)植物蒸腾

植物蒸散发的计算较多以参考作物蒸发蒸腾量(ET_0,mm/d)为基础,考虑不同作物的系统(k_c)进行折算(宋妮等,2013)。

$$ET = ET_0 \times k_c \tag{5.6}$$

参考作物蒸发蒸腾量(ET_0)为一种假想参考作物的蒸发蒸腾量。假想作物的高度为0.12m,固定的叶面阻力为70s/m,反射率为0.23,类似于表面开阔、高度一致、生长旺盛、完全覆盖地面且不缺水的绿色草地蒸发蒸腾量。在具体计算时,普遍采用的方法是Penman-Monteith 法,该方于 1998 年被联合国粮农组织推荐为计算参考作物腾发量的唯一标准方法。该法以能量平衡和水汽扩散理论为基础,考虑了空气动力学、辐射项的作用、作物的生理特征,在世界各地得到广泛应用:

$$ET_0 = \frac{0.408\Delta(R_n - G) + \gamma \dfrac{900}{T+273}\mu_2(e_s - e_a)}{\Delta + \gamma(1 + 0.34\mu_2)} \tag{5.7}$$

式中，Δ——饱和水汽压-温度曲线的斜率；

　　　R_n——净辐射，$MJ/(m^2 \cdot d)$；

　　　G——土壤热通量，$MJ/(m^2 \cdot d)$；

　　　γ——干燥常数；

　　　e_a，e_s——气温为 T 时的水汽压和饱和水汽压，kPa；

　　　μ_2——2m 处的风速，m/s。

3. 干旱指数的计算

干旱指标往往用来表征干旱的严重程度。量度指标较多，一般有三类，如地下水埋深、土壤含水量等水文气象指标，降水距平百分率、湿润指数和 K 指数等气象量度指标以及社会经济干旱损害指标。本书仅简单列举三个指标。

降水距平百分率（P_a），通过降水量与多年均值的偏离程度来度量干旱：

$$P_a = (P - \bar{P})/\bar{P} \times 100\% \tag{5.8}$$

式中，P——某一段时期内的降水量，mm；

　　　$\bar{P}$——常年同期的平均降水量，mm。

降水量与蒸发量的比值用来显示当地的湿润程度，又称为湿润指数（r）。指数越小，则该地干燥程度越明显：

$$r = P/E \tag{5.9}$$

式中，P——某一段时期内降水量，mm；

　　　E——某一时期内的水面蒸发量，mm。

当用降水和蒸发的相对变率来衡量时，则称为 K 指数：

$$K = P'/E' \tag{5.10}$$

式中，P'——某一时期内降水量的相对变率，等于此时期内降水量 P 与常年同期平均降水量 $\bar{P}$ 的比值；

　　　E'——某一时期内水面蒸发量的相对变率，等于此时期内水面蒸发量 E 与常年同期平均水面蒸发量 $\bar{E}$ 的比值。

干旱指数与当地湿润程度的判断标准可见《农业干旱等级》《旱情等级标准》《国家抗旱预案编制大纲》《区域旱情等级》及相关文献。干旱指数和干燥度等指标计算方法有相近的地方，其可应用于干旱程度和区域干湿状态的判断。

4. 元江及相邻地区气象要素分析与比较

1) 哀牢山立体观测结果分析

在哀牢山北段不同海拔的东坡(950m，1240m，1740m，1980m)和西坡(1162m，1480m，1830m，2450m)建立山地气象站进行观测。观测时间东坡为 1986 年 1～12 月；西坡为 1982 年 1 月至 1986 年 12 月，东西坡对比分析时取同期的 1986 年 1～12 月资料。

由东西坡湿度随海拔分布(图 5.10)看出：水汽压和相对湿度都具有随海拔的分布基本上呈线性变化，西坡水汽压高于东坡，两者随海拔升高而递减。相对湿度同样为西坡大于东坡，只是雨季期间是随海拔升高而递增；干季则另具特征，东坡 2200m 下是相对湿度随海拔升高而递减之后递增，西坡随海拔升高而递增；与东坡相比，西坡的相对湿度在干季(7%～11%)比雨季(2%～7%)增加更为显著，年平均西坡比东坡增湿 5%～8%；无论是干季还是雨季，两坡湿度差异在中上坡地的 2100～2200m 最明显，雨季为 7%，干季为 10 %，年平均为 7%～8%(刘玉洪等，1996)。

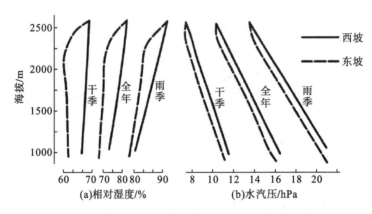

图 5.10　哀牢山各季节湿度随海拔的变化(刘玉洪等，1996)

2)降水量分析

哀牢山年降水 80%集中在湿季(5～10 月)，湿季降水时空分异明显。在哀牢山北回归线沿线一带，表现出东、中、西分异，特别是沿线中部地带表现出明显的过渡性特征，这与中部的哀牢山和无量山岭谷地形对季风水汽输送的影响有关，同时也存在随海拔变化的垂直分异。

从各站湿季的最大连续 4 月降水发生月(CM₄PM)来看(图 5.11)，哀牢山东南部、西北部存在明显分异，而两地的中间地带具有明显的过渡性，如西北部 CM₄PM 以 6～9月为主，东南部及元江河谷以 5～8 月为主，中间地带 5～8 月、6～9 月相近。西北部和东南部两地湿季各月降水相关性发生一定规律性的变化，即 5 月相关系数较高，6 月明显下降，7 月继续下降，8 月略有上升，9 月再次下降，至 10 月又再次上升(胡金明等，2011)。

统计 1986 年东坡(景东、大水井、方家箐、徐家坝)和西坡(朵苴、大庙、刘家村、小河村)8 站冷平流降水(CR)和暖平流降水(WR)及相应降水日数。据图 5.12 可知，无论干季、雨季和全年均在其迎风坡具有显著的增雨效应，而在其背风坡均为焚风雨影区；冷平流降水东坡比西坡全年增加 100～1500mm，暖平流降水西坡比东坡全年增加 200～300 mm(张克映等，1994)。

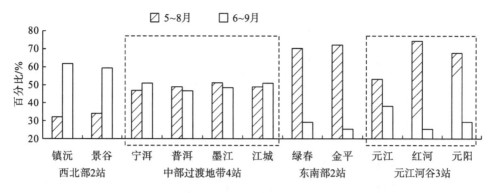

图 5.11　各站湿季 CM_4PM 统计（胡金明等，2011）

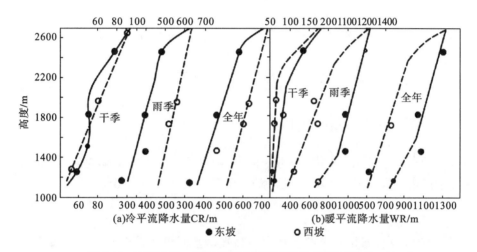

图 5.12　哀牢山冷、暖平流降水量随高度分布（张克映等，1994）

3) 元江干热河谷日照分析

元江干热河谷属于半干旱区生态系统，区域内年降水量低、潜在蒸发量大、水热矛盾突出。该地区总辐射量 Q 和反射辐射 R_n 月总量在 1～5 月逐渐增大（图 5.13），最大值均出现在 5 月［Q、R_n 最大值分别为 679.6 MJ /（m^2·月）、412.1 MJ /（m^2·月）］，之后逐渐变小，最小值均出现在 12 月［Q、R_n 最小值分别为 384.1 MJ /（m^2·月）、160.8 MJ /（m^2·月）］；Q 和 R_n 月总量整体表现为 3～9 月较大；有效辐射 I 的月总量变化趋势整体表现为 6～10 月较小，其最大值出现在 3 月［215.4 MJ /（m^2·月）］，最小值出现在 8 月［84.8 MJ /（m^2·月）］，从 8 月开始，I 的值又逐渐增大；反射辐射 Q_a 月总量变化趋势较平缓，其最大值出现在 6 月［79.7MJ /（m^2·月）］，最小值出现在 12 月［50.6MJ/（m^2·月）］，但总体趋势为 5～10 月较大（费学海等，2016）。

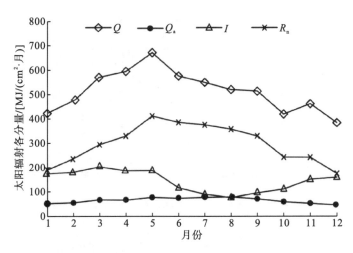

图 5.13　太阳辐射各分量月变化（费学海等，2016）

5.3　水文观测与内业

5.3.1　基本水文要素观测

元江站的观测项目包括水位、流量、降水、蒸发和泥沙等。具体观测项目的原理，操作、图示以及内业操作见《工程水文及水利计算》（雒文生等，2010）。

1. 水位观测

水位是指自由水面相对于某一基面的高程，基面可以是以某处特征海平面高程作为零点水准基面，称为绝对基面，也可用特定点高程作为参证计算水位的零点，称测站基面。水位是反映水体水情最直观的因素，其变化主要是由于水量的增减变化引起的；水位过程线则是某处水位随时间变化的曲线。水位不等于水深，水深是水面离河底的距离。

水位的观测可直接服务于水利工程的建设，如防汛、航运、给排水、灌溉和桥梁、码头等建筑物的设计，也可用于水面比降的研究以及水文预报等。

1）用水尺观测水位

直立式水尺是目前应用最普遍的水尺，多在水位变幅较小，且流冰、浮运、航运等活动对水尺的影响不严重的河流上。直立式水尺一般由靠桩和水尺板两部分组成，靠桩有木桩、混凝土桩和型钢桩三种，入土埋深约 0.5～1.0m；水尺板则是由木板、搪瓷板、高分子板或不锈钢板等做成，其单位刻度一般是 1cm。直立式水尺一般安装在河谷边坡，若河谷边坡较陡，则设一根水尺；反之则分段设立若干水尺（图 5.14）。水位推求公式如下：

$$水位 = 水尺零点高程 + 水尺读数 \tag{5.11}$$

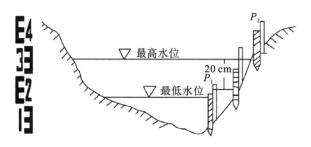

图 5.14　分级直立水尺及其在河道中的设立(雒文生等，2010)

在使用水尺测水位时，应按要求的观测次数观测，并记录读数。观测次数以河流及水位涨落变化而定，以便得到完整的水位变化过程，并满足日平均水位的计算要求。当水位变化缓慢，且日变幅在 0.06m 以内时(枯水期)，每日 8:00 观测一次(称 1 段制观测)，并以 8:00 作为基本时；日变幅在 0.12m 以内时，每日 8:00 和 20:00 各观测一次(称 2 段制观测)；日变幅在 0.12~0.24m 时，每日 2:00、8:00、14:00、20:00 进行观测(称 4 段制观测)；洪水期或水位变化急剧时，要加测以保证测得各次峰谷和完整的水位变化过程。

2) 自记水位计

自记水位计能自动、连续记录水位的变化过程，具有观测方便、节省人力的特点，主要有浮筒式水位计、水压式水位计和超声波水位计三种。

(1)浮筒式水位计主要由浮动和记录两部分构成。其工作原理是将浮筒与自动记录设备相连接，浮子随着水位变化上下浮动，并将水位变化按一定的比例记录在纸上进而绘出水位过程线。

(2)水压式水位计的工作原理是根据压力与水深的关系，通过测定测点的水压力从而推算出水位。

(3)超声波水位计是根据超声波脉冲的传递时间测定脉冲所经历的距离，从而得出水位。

为了便于电子计算机对水位资料进行整编，在使用自记水位计观测时，需定时校测、换纸、调整仪器，并对记录进行订正、摘录。有的自记水位计还有穿孔或磁带记录装置，水位可记录在穿孔或磁带上。

对观测数据进行处理，计算日平均水位。

(1)算术平均法：一日内水位变化平缓，或水位变化虽大但等时距(如 2:00、8:00、14:00、20:00 四次等)观测摘录时使用。

(2)面积包围法：一日内水位变化较大且不等时距观测(摘录)时采用，计算方法如下：

$$日平均水位 = 0~24 时内水位过程线所包围的面积/24 \tag{5.12}$$

(3)若河段受潮汐影响，则需统计各次高、低潮位。

3) 操作步骤

①观测。在河谷边坡设置水尺或到附近的水文站进行水位观测。

②记录。直接读取水面截于水尺上的读数并记录。

③校测。使用水尺记录水位，对自记水位计进行校测、换纸和调整。

④计算。计算水位、日平均水位以及统计每日出现的各次高、低潮位。

⑤分析水位变化特征。

2. 流速测量

流速是指河流质点在单位时间内所通过的距离，河道内的水流各点的流速不相同，靠近河底、河边处的流速较小，河中心近水面处的流速最大，为了计算简便，通常用横断面平均流速来表示该断面水流的速度。流速仪是常用的测定流速的仪器。流速仪有旋杯式和旋桨式两种(图5.15)。

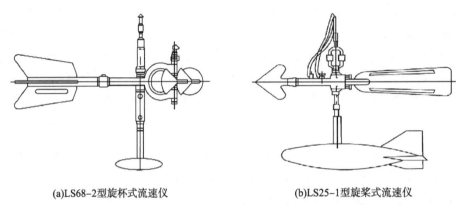

(a)LS68-2型旋杯式流速仪　　　　　　　　(b)LS25-1型旋桨式流速仪

图5.15　两种流速仪(雒文生等，2010)

流速仪主要由旋杯(或旋桨)和旋轴构成。旋轴的截面呈卵形，固定电丝将旋轴与电源接通。旋杯式流速仪测流时，应使旋杯对着来水的方向将流速仪置于水下预定的测点上，水流冲击旋杯时，旋杯会随之发生转动，进而又带动直立式的旋轴转动。旋杯每旋转1周(或5周)，卵形的尖端便将与旋轴和电丝构成一个闭合电路，电路上的灯泡(或电铃)即明亮(或电铃响铃)一次。因此，流速越大，旋杯在单位时间内转数越多。在中等流速的条件下，水流速度v与单位时间内旋杯转数R/S呈线性关系，即

$$v = aR/S + b \tag{5.13}$$

式中，R——旋杯在S秒内的转数；

S——旋杯转动时间，s，由于流速的脉动现象，一般规定大于100～120s；

a、b——流速仪出厂前经过检定得出的系数。

因此，只测定一定时间S秒内流速仪的转数R，即可得到该测点的流速。

1)流速计算

(1)流速垂线与测点的选取。

由于河流断面不同位置的流速不同，并且受许多因素的影响，因此为测得准确的河流断面上的流速分布，流速垂线应均匀分布在断面上，测点也应沿水深均匀分布(林伟波等，2013)。

选择垂线应遵循"基本河槽垂线密集于河滩，断面地形复杂处和流速有着显著变化处

适当选取"的原则,并参考表 5.1 的规定。

表 5.1 垂线选取原则(雒文生等,2010)

河宽/m	50	50~100	100~300	300~1000	1000 以上
垂线数	10	10~15	15~20	20~30	30~40

能测出正确的垂线平均流速是流速垂线上测点分布的基本原则。测点位置和数目的选择应根据不同的水深、测验目的、精度要求等,通过实验有把握地加以确定。选取时,可参考表 5.2 的规定。

表 5.2 测点位置和数目的选择规则及计算公式(雒文生等,2010)

垂线水深 H/m	方法名称	测点位置	垂线平均流速计算公式
$H<1$	1 点法	$0.6H$	$v_m = v_{0.6}$ 或 $v_m = (0.9 \sim 0.95)v_{0.5}$
$1 \leqslant H < 3$	2 点法	$0.2H$,$0.8H$	$v_m = (v_{0.2} + v_{0.8})/2$
	3 点法	$0.2H$,$0.6H$,$0.8H$	$v_m = (v_{0.2} + v_{0.6} + v_{0.8})/3$
$H \geqslant 3$	5 点法	水面,$0.2H$,$0.6H$,$0.8H$,河底	$v_m = (v_{0.0} + 3v_{0.2} + 3v_{0.6} + 2v_{0.8} + v_{1.0})/10$

表 5.2 中,v_m 为垂线平均流速,m/s;$v_{0.0}$、$v_{0.2}$、$v_{0.4}$、$v_{0.6}$、$v_{0.8}$、$v_{1.0}$ 分别为水面、$0.2H$、$0.6H$、$0.8H$ 及河底处的测点流速,m/s。

(2)部分面积平均流速的计算。

部分面积平均流速指两测速垂线间部分面积的平均流速,以及岸边或死水边与断面两端测速垂线间部分面积的平均流速。图 5.16 的下半部分表示断面图,上半部分表示垂线平均流速沿断面的分布图。

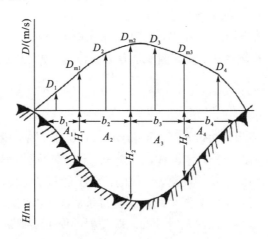

图 5.16 流速及部分面积计算示意图(雒文生等,2010)

中间部分面积平均流速的计算(此处为区别其他情况,用 D 表示流速):

$$D_2 = (D_{m1} + D_{m2})/2 \tag{5.14}$$

岸边部分面积平均流速的计算：

$$D_1 = aD_{m1} \tag{5.15}$$

式(5.15)中，a 为岸边系数，与岸边性质有关，斜岸边 $a = 0.67 \sim 0.75$，陡岸边 $a = 0.8 \sim 0.9$，死水边 $a = 0.5 \sim 0.67$。

(3) 部分面积计算。

部分面积以测速垂线为分界。中间部分按梯形计算，岸边部分按三角形计算(图5.16)。中间部分面积，例如：

$$A_2 = (H_1 + H_2)b_2 / 2 \tag{5.16}$$

岸边部分面积：

$$A_1 = H_1 \cdot b_1 / 2 \tag{5.17}$$

2) 断面流量计算

$$Q = \sum q_i = q_1 + q_2 + \cdots + q_n = A_1 v_1 + A_2 v_2 + \cdots + A_n v_n \tag{5.18}$$

式中，q_i——各部分面积的流量。

3) 断面平均流速计算

$$v = Q / A \tag{5.19}$$

式中，A——过水断面面积，它等于各部分面积之和。

3. 流量监测

流量是河流重要的水文特征之一，是研究河川径流的变化规律、进行工程规划设计不可缺少的基础数据，如各种水工建筑物(水坝、水电站)、厂矿、桥梁等的修建；工程建成后，欲合理运用并使工程发挥最大效益，仍需掌握流量资料。此外，各种不同形式的用水，如农田灌溉、城市供水等也都需要流量资料。

目前国内外对流量的测量方法很多，按其工作原理可分为五大类：流速面积法、水力学法、化学法、物理法和航测法。流速面积法是通过流速和断面的测定来计算流量，这种方法广为世界各地采用。

1) 断面测量

断面测量分为大断面测量与过水断面测量两种。大断面测量要测至最大洪水水面线以上，而过水断面测量只测定施测时水面线以下部分。过水断面的测量包括水深测量，测深垂线起点距测量与测深断面水位的观测，一般的流量测验只要求测出过水断面。测量河道断面是在断面上布设一定数量的测深垂线，测得每条测深垂线的起点距 L_i 和水深 H_i，从施测的水位减去水深，即得各测深垂线处的河底高程，便可绘制断面图。

(1) 水深测量：测垂线的数目和位置要求达到能控制断面形状的变化，以便能正确地绘出断面图。一般主槽较密，滩地较稀，测深垂线的位置应能控制河床变化的转折点。测量水深的方法随水深、流速大小、精度要求不同而异。通常采用测深杆、测深锤(或铅鱼)、回声测探仪等测得。

(2)起点距测量：测深垂线与断面起点桩间的水平距离称垂线起点距。起点距可用断面索法和仪器交会法测定。我国目前主要采用经纬仪法。断面索法是一种架设在横断面上的钢丝缆索上系好表示起点距的标志，直接读得各测深垂线起点距的一种方法，适用于河宽不大、有条件架设断面索的测站。仪器测角交会法包括经纬仪交会法和六分仪交会法等。当使用经纬仪作前方交会时，用式(5.20)计算出起点距：

$$L = l \tan \phi \qquad (5.20)$$

式中，L——测深垂线起点距，m；

　　　l——基线长，m；

　　　ϕ——仪器视线与基线夹角，(°)。

六分仪交会法在船上测出夹角 β，再按式(5.21)计算起点距：

$$D = L \cot \beta \qquad (5.21)$$

测深时要观测水位，以便计算各垂线的河底高程。有了各垂线的起点距与河底高程，就可绘出河槽横断面图。

2)操作步骤

(1)选定测流断面。

(2)进行过水断面测量。根据上述方法，先测测深垂线起点距，然后测水深，同时观测记录测深断面水位，记录在白纸上，绘制断面图，计算断面面积。

(3)用流速仪法测定流速。

(4)根据测得的断面面积和流速计算流量，见式(5.18)。

4. 泥沙测验

河水挟带泥沙一方面能直接影响河床变化以及水库、湖泊、渠道的淤泥，给防洪、灌溉、航运带来困难；另一方面，用挟沙的水流灌溉农田，能改良土壤。因此，进行流域规划、水利工程设计与管理运用、河道治理、灌溉放淤、城市供水等都需要掌握泥沙资料。另外，泥沙资料也是研究水土流失问题的重要依据。

泥沙测验包括施测悬移质、推移质的数量和颗粒级配。由于悬移质通常是河流挟沙的主要部分，所以本书主要介绍悬移质含沙量及输沙率的测验。测验内容包括断面输沙率测验和单位水样含沙量(简称"单沙")测验。单位水样含沙量是指断面上有代表性的垂线或测点的含沙量。断面输沙率是指单位时间内通过河渠某一断面的悬移质沙量，以吨/秒或千克/秒计。

测定悬移质含沙量的方法主要有泥沙采样器测量法、含沙量光度测量法、放射性同位素测量法与同位素示踪法等。泥沙采样器测量法的工作原理是对采样器所采取的水样进行处理，得出水样沙重，进而求得测点或垂线含沙量。采样器类型很多，如瓶式、横式、抽气式、美国 P-46 型、P-61 型、法国纳耳皮克采样器等。

1)单位水样含沙量测验(采样器法)

采水样：利用采样器在预定的测点或垂线上取水样。采水样可与测流同时进行，即取样时，同时观测水位并测定取样垂线的起点距。

水样处理：水样处理的方法有过滤法、烙干法和置换法。

含沙量计算：含沙量是指单位体积的浑水中所含泥沙的重量。用式(5.22)计算：

$$P = W_s / V \cdot 1000 \tag{5.22}$$

式中，P——实测含沙量，kg/m^3；

W_s——水样中干沙重，g；

V——水样体积，m^3。

2)断面输沙率的测验

输沙率是含沙量与流量的乘积，因此输沙率的测验常与测流同时进行。

取样垂线的分布：取样垂线的数目应不少于流速仪测流速垂线数目的一半，并且遵循"河宽大于50m时取样垂线不少于5条，河宽小于50m时取样垂线应不少于3条"的原则。

垂线上取水样：常用积点法测输沙量，垂线取样点的分布按表5.3规定执行。

表5.3　垂线取样点的分布及断面输沙率的计算(雒文生等，2010)

方法名称	测点位置/m	适用水深或有效水深/m		断面输沙率的计算
		用旋干悬吊	用悬索悬吊	
5点法	水面, 0.2H, 0.6H, 0.8H, 河底	> 1.50	> 3.00	$\rho_m = (\rho_{0.0}v_{0.0} + 3\rho_{0.2}v_{0.2} + 3\rho_{0.6}v_{0.6} + 2\rho_{0.8}v_{0.8} + \rho_{1.0}v_{1.0}) / 10v$
3点法	0.2H, 0.6H, 0.8H	> 0.75	> 1.50	$\rho_m = (\rho_{0.2}v_{0.2} + \rho_{0.6}v_{0.6} + \rho_{0.8}v_{0.8}) / (v_{0.2} + v_{0.6} + v_{0.8})$
2点法	0.2H, 0.8H	> 0.75	> 1.50	$\rho_m = (\rho_{0.2}v_{0.2} + \rho_{0.8}v_{0.8}) / (v_{0.2} + v_{0.8})$
1点法	0.5H 或 0.6H	< 0.75	< 1.50	$\rho_m = K_1\rho_{0.5}$ 或 $\rho_m = K_2\rho_{0.6}$

表5.3 中，ρ_m 为垂线平均含沙量，kg/m^3 或 g/m^3；ρ_i 为相对水深 i 处的测点含沙量，kg/m^3 或 g/m^3；v_i 为相对水深 i 处的流速，m/s；v 为垂线平均流速，m/s；K_1、K_2 为由实验所得出的系数。

求得垂线平均含沙量后，再用式(5.23)计算断面输沙率：

$$\begin{aligned}Q_s = [&\rho_{m1}q_0 + (\rho_{m1} + \rho_{m2})q_1 / 2 + (\rho_{m2} + \rho_{m3})q_2 / 2 \\ &+ \cdots + (\rho_{mn-1} + \rho_{mn})q_{n-1} / 2 + \rho_{mn}q_n] / 1000\end{aligned} \tag{5.23}$$

式中，Q_s——断面输沙率，t/s；

ρ_{mi}——第 i 根垂线平均含沙量，kg/m^3；

q_i——第 i 根垂线与第 $i+1$ 根垂线间的流量，t/s。

3)注意事项

(1)原则上，测速与取样应在同一条垂线上。在河底平坦的较大河流，可以在船的两侧分别测速和取样，但两垂线的间距之差不能超过河宽的2%~3%，水深相差不能大于5%。

(2)采用积点法时，取样时，取样器每放到一个测点，均须稍停片刻，待水流正常再操纵仪器开关取水样；在采取河底的水样时，采样器应高于河底 0.1m 以上，其目的都是避免扰动河底泥沙，影响取样的代表性。

(3) 靠近岸边取样时，应避开塌岸或其他情况。

(4) 取样后，应尽可能现场用量筒量出水样容积并记录。

5.3.2　水文数据处理

各种水文测站测得的原始数据，都要按科学的方法和统一的格式整理、分析、统计，规编为系统、完整、有一定精度的水文资料，供水文水资源计算和有关国民经济部门应用。这个水文数据的加工、处理过程，称为水文数据处理。

水文数据处理包括：收集校核原始数据；编制实测成果表；确定关系曲线，推求逐时、逐日值；编制逐日表及洪水水文要素摘录表；合理性检查；编制处理说明书。本节主要简介水位、流量及泥沙的资料整编处理。对上述处理工作内容，重点介绍关系曲线的确定及逐时、逐日值的推求等。

1. 水文数据的预处理

1) 水文数据基本输入错误处理

数据输入完成后，往往因为各种输入错误导致数据使用便捷度和准确性受到影响，需要处理录入错误，进行各种错误检查和处理。

(1) 将观测数据记录和录入时，填入了"+"" – ""*"或字母等非数据字符，需要进行替换，形成标准的数字字符。特别是在纯文本方式下录入时，应该规避"+"号等将两个数据分隔开的方式，尽量采用标准的逗号或分号分隔。

(2) 对于数字字符也会因重复输入、连号、停顿等出现数据错误，需要删除冗余、更正间隔符号，甚至重新标定数据精度及位数。比较常见的记录错误主要有：一个数据中有两个或多个小数点等情况；数据间缺少逗号或空格等分隔符；多个负号重复；多个分隔符号重复；数据缺测时标记错误等。需要形成检查机制，通过再次校核，查找丢失数据等工作来减少错误。

(3) 未录入缺失数据或重复录入数据都将带来数据错误。在检查中，一旦发现数据重复，则做出显著标记，在再次复核时候进行处理。对于数据缺失，则考虑插补，或者依据前后水文过程考虑数据范围及大小。对于数据过小测不出的情况，可考虑为低数量级的值。

2) 水文数据错误的深度检查

(1) 数据数量级错误检查。在流量和水位资料或者观测记录表中，经常出现一些数量级差异的数据，对于水文资料来说，这种特定数据有存在的可能，但是大部分可能是错误的，需要深入分析和判断。如流量的录入数据有 2312、2418、23122、3008 和 1150、1230、123、1428 等两列数据，通过判断，23122 多输了一个 2，而 123 则少输了一个零。在水文观测中，存在一个经验判断，前后两个数据大于或小于某数据的 7~8 倍以上时则出现数据异常(流量特别小或接近零的数据除外)。当然，在实习观测中，很少出现数量级差别的问题。但在实际记录中，特别是对于中低流量河流也会出现流量悬殊 10 倍的情况，这种情况下就得进一步做分析，特别是要联系其上下游水利设施及水力联系来通盘考虑数据的准确性。对于水位，当某一水位数据大于或小于前后的水位数据 2 m 以上就可以认定数据异常。

(2) 数据位次及顺序的检查。对于洪峰流量、过水断面等的测量，涉及水文资料及数据的顺序问题，记录中会出现部分数据异常等问题，需要深入考虑该数据有没有顺序错乱或者突变因素。如对于某条河流的水文断面，记录数据为 23、27、34、51、47、66，我们根据大断面测量数据反映的是起点距，则后面的数据大于前面的数据，从而判断 47 出现了顺序错误，或者应该是 57。

(3) 数据有效位的检查。水文规范规定水文数据的有效位数应满足：流量数据要求保留三位有效数字(整数位为零时只需精确至小数点后两位)；水位数据和非水准点高程精确至小数点后两位等。

2. 水文要素系列的一致性、代表性和合理性分析

除了要关注数据明显错误外，还应该从数据的整体结构和序列上对数据进行质量控制，这就是数据的一致性、代表性和合理性分析。

1) 年径流系列的一致性分析

径流系列资料需要通过一致性检验，要求在同样的气候条件、同样的下垫面条件下在同一测流断面测量记录该系列流量资料。径流系列一致性主要受到气候变化、地表覆被变化、人类取用水及测站迁移等影响。气候条件变化较为缓慢，对测站数据一致性的影响较弱。一般来看人类活动的影响往往具有更大的突变和改变性，在年径流分析计算上，需要考虑径流的还原计算。变化多样但影响显著的另一个重要因素是垫面的改变，涉及植被覆盖、种植结构、产汇流阻隔等，需要重点考虑。人类直接对径流的影响则表现在蓄水、供水、水土保持以及跨流域引水等工程建设以及测站迁移等。大坝蓄水工程、水库、坑塘及河道取水等将导致丰水期、枯水期径流的存蓄与截留，影响径流的时空分布。水库对径流的调节作用明显，在枯水期供水缓解周边沿线的缺水压力，在洪水期则进行调节和错峰，有效削减洪峰破坏和缓解洪水风险。水库的调节作用对年内径流分配影响很大，而对年径流的影响小。供水工程调节主要体现在取水上，主要是保障城市用水、工业生产和农业灌溉，其中农业灌溉比重约占 60%(全国大体情况)。各种供水后，部分水资源通过蒸发、下渗等耗散了，而部分流回原河流(回归水)。介于人类直接取用和地表覆被影响的一种情况是水土保持，这种工程往往是为治理水土流失或者改善水土匹配条件的工程，面广量大，对河川径流和泥沙拦截起到显著作用。对水文数据一致性造成影响的典型情况是测量站点迁移和断面位置变化，这种情况也会因河道破坏、河流改道以及社会生产影响而发生，在进行水文数据处理时，要改正至同一断面，或调节处理成具有可比较、能移植的数值资料。

2) 年径流系列的代表性分析

径流数据需要考虑代表性，即考虑样本对年径流总体的接近程度。代表性较好的要求是接近程度较高。对于代表性好的序列，在进行径流频率分析及模拟时，结果精度较高，

成果较为准确。样本对总体代表性通过对样本和总体的统计参数的比较来判断,但操作中,因总体分布一般未知,只能将样本与更长径流、降水等系列对比,或者根据人们对径流规律的认识来辅助判断。由此形成了径流的周期性分析和长系列参证变量比较两种途径。

　　年径流的周期性分析,往往用来对一个较长的年径流系列,检验是否有一个比较完整的丰水段(年组)、平水段和枯水段形成的丰、枯水段大致对称分布的水文周期。在此判断中,不是径流系列越长,其代表性就越好,要综合判断丰枯水段的分布情况。尽量杜绝丰水段数多于或少于枯水段数的情况,丰水段多则年径流可能偏丰,反之亦然。在处理上,则要去掉一个丰水段或枯水段,但应特别慎重,经充分论证后再作决定。此外,要结合观测精度来考虑,对于观测精度较低但较多使用的系列,尽可能延长观测期,完善资料,提高代表性。

　　另一途径是将样本系列与更长系列参证变量进行比较。一般将相似水文区内观测期更长,并被论证有较好代表性的年径流或年降水系列作为该区的参证变量。此途径应注意两个关键,其一是设计断面年径流与参证变量有较密切的关系,其二是参证变量样本期的水文要素统计特征(主要是均值和变差系数)与设计断面同步观测期时段内的参证变量的统计特征接近或一致。

　　3)平均流量计算及合理性检查

　　逐日平均流量作为水文要素的重要内容,是支撑水文模拟和洪水分析的重要指标,该指标的准确性将影响到后续分析工作。在计算中,需要将多个流量进行平均,流量变化平稳的情况下通过水位流量关系线推求日平均流量;当流量变化较大时,按算术平均法或面积包围法求得日平均流量。逐月平均流量和年平均流量则在日平均流量的基础上进行推算。平均流量的合理性需要对照水位流量关系、水量平衡和水力联系判断。对于单站检查,有测站资料的则构建历年水位流量关系,并对整体进行对照检查,无测站的则与周边测站进行对照;对于区域或流域多个测站的情况,则要进行综合性检查,考虑流域(区域)水量平衡;对于水力联系复杂的对象,则要对上、下游或干、支流的测站进行综合检查,考虑不同站点和对象之间的差异和一致性。

3. 水位、流量关系

1)水位-流量关系曲线

　　水文要素在应用上有不同的用途,典型用途是构建流量水位关系,为洪水防范、水文计算、水文预报提供支撑。但流量测验往往存在技术复杂、耗资昂贵等问题,特别是难以进行连续测量,而水位的测量则容易连续观测,因此采用水位流量关系推算,可将连续的水位资料转换为连续的流量资料。另一方面,对于实测流量也可以通过断面相似性等来反推水位。

　　水位、流量关系的确定具有重要意义,但是这种关系有稳定的,也有不稳定的。稳定的水位流量关系,是指流量与水位大体呈现单值对应的关系,这一关系可通过单值函数进行拟合和模拟。实习中,实习记录的方格纸用于记录简单的水文流量关系,将纵坐标定为水位,流量绘于横坐标,对水位-流量进行点绘,形成关系图(图 5.17)。一般来说,关系点绘制完后,考核数据偏离在可接受范围内,则通过点群中心定一条单一线作为关系线。水位流量关系点据密集成带状,对于中高水流点据要求 75%以上与平均关系线的偏离在

±5%内，同样对于低水点点据偏离要求在±8%内。对于点图，在条件允许情况下，同一张图纸上依次点绘水位流量、水位面积、水位流速关系曲线。三者与横轴的夹角分别近似为45°、60°、60°，确保互不相交。三者之间可以互相进行验证，如利用面积与流速的乘积，校核同一水位下的流量等。

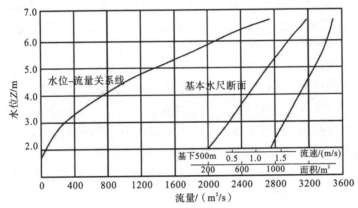

图 5.17　某水文站 1972 年水位流量关系(雒文生等，2010)

　　当测验河段受回水变动、断面冲淤、洪水变化等因素的影响时，水位与流量间的关系往往产生多种变化，呈现多值函数关系，这种区别于单值函数的关系称为不稳定的水位流量关系(图 5.18，图 5.19)。对于不稳定的水位流量关系，资料整编时方法主要有两类：其一是水力因素型，将影响的水力因素定为 x，构建流量与 x 的关系 $Q=f(b, x)$，具体执行采用水力学的推导［参看《工程水文及水利计算》(雒文生与宋星原，2010)］；其二为时序型，以水文要素时间 t 为基础，构建流量基于时间 t 的过程构建关系为 $Q=f(Z, t)$，该法要求水流连续性测量，多测点，能科学反映流量的变化历程。三种不稳定的水位流量关系中，受洪水涨落影响的，关系表现为逆时针绳套形，绳套底部与水位低谷点相切，绳套顶部则与洪峰水位相切，反映的是水位低位到洪峰的变化关系；其余的不稳定关系则表现成反"8"字或者陡落型变化，需要根据实际情况分析。

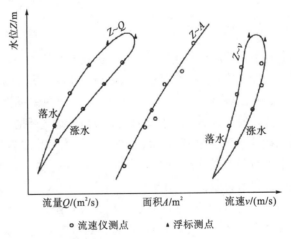

图 5.18　受洪水涨落影响的水位流量关系(雒文生等，2010)

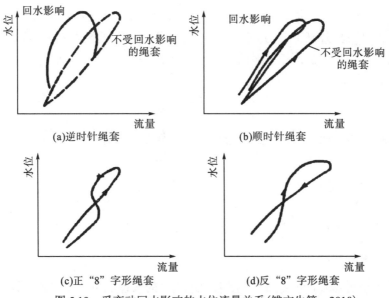

图 5.19 受变动回水影响的水位流量关系(雒文生等，2010)

2) 水位流量关系曲线的延长

测量中，施测条件差异以及其他原因，造成水位测量难以准确覆盖到最高或最低水位，必须进行高低水时水位流量关系的延长。高水延长对洪峰流量等洪水期流量过程要素有重大的影响，而低水流量如延长不当则影响历时。因此要对延长工作进行科学判断和控制，高水延长和低水延长的幅度一般应分别控制在当年实测流量水位变幅的 30%和 10%内。

对稳定的水位流量关系进行高低水延长，常用的方法有：以水位面积与水位流速关系进行高水延长、用水力学公式进行高水延长，以及水位流量关系曲线的低水延长法等。

其一，高水延长基于水位面积与水位流速关系，较多用于水位面积、水位流速关系点集中，且河床稳定的测站。在实测大断面资料确定的情况下，某一高水位下断面面积和流速的乘积即可确定对应流量，由此进一步延长水位流量关系曲线(图 5.20)。

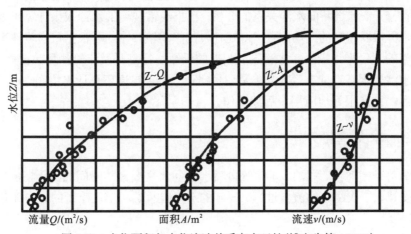

图 5.20 水位面积与水位流速关系高水延长(雒文生等，2010)

其二,利用水力联系的水力法进行延长,可避免延长中水位流速顺趋势延长的任意性,用水力学公式计算出外延部分的流速值来辅助定线。如曼宁公式延长,通过计算流速,用实测大断面资料延长水位面积关系曲线,建立流量、水位、流速、水力半径(R)、比降(S)之间的关系。

$$v = \frac{1}{n}R^{2/3}S^{1/2} \tag{5.24}$$

另外,也可用由谢才流速公式导出流量的斯蒂文斯法延长:

$$Q = CA\sqrt{RS} \tag{5.25}$$

式中, C——谢才系数;

　　A——水道断面面积。

具体的延展情况及操作可见《工程水文及水利计算》。

3) 水位流量关系曲线的移用

对于设计断面处缺乏实测数据,而邻近水文站的水位流量关系记录较好的情况,则可以对邻近水文站的水位流量关系进行移用。这种移用要求设计断面与水文站相距不远,区间流域面积不大,且区间无明显的出入流的情况,在资料缺测地区可修正后直接移用,其他情况则需要具有共同观测对比来修正。当这种情况不满足,如设计断面距水文站较远,区间出入流接近零,则必须采用水位变化中位相相同的水位来移用。缺资料地区或设计断面的水位观测数据严重不足,或时间紧迫等不及设立临时水尺的情况下,则可先计算水面曲线,再进行水位-流量的移植。当存在出流或入流时,则要利用水力学办法来推算水位流量关系。

4. 悬移质输沙率资料整编

泥沙资料等的处理和整编与水文其他要素类似,核心包括水沙关系、时段断面含沙量以及平均输沙率等指标的检查与整编。在整编泥沙资料时,通过各测次的单次沙量推出单次断面沙量,乘以相应的断面流量,得出各次的断面输沙率。若各单次沙量变化较小,则以平均的单次沙量得出日平均沙量。若单次沙量变化较大,则需要通过水文过程的历时进行时间的再修正。通过断面水沙关系的分析,根据经常观测的水沙成果计算出逐日断面平均含沙量,再乘以相应的平均流量,得到各日的平均输沙率。再根据日内输沙率过程进一步将月及年的逐日平均输沙率之和除以相应的天数,得到月及年输沙量。在处理过程中,如果查明水沙数据存在问题,则分析是测量错误、记录错误还是计算错误,进行相应的改正或修正后,才能很好地应用于后期工作。

5.3.3　水文情势分析

水文情势是指河流、湖泊、水库等自然水体各水文要素随时间的变化情况。包括水位随时间的变化、一次洪水的流量过程、一年的流量过程、河川径流量的年内和年际间的变化等。

1. 水文频率

洪水、干旱发生的可能性、水利水电工程的规划和设计、灾害防范等都涉及水文频率计算问题。水文频率的计算要求把降水量、年径流量、最大洪峰流量、最小枯水流量等看作是随机变量，求取变量频率分布，绘制频率曲线。频率曲线的推求采用配线法，即给经验频率点群选配一条最佳的配合线，在我国主要采用皮尔逊Ⅲ型曲线（刘金星，2005）。同时采用数学期望公式作为经验频率计算公式，采用矩法、三点法、权函数法等初估适线参数。

频率分析以概率论和数理统计学为基础，用于客观揭示水文现象统计规律及利用水文现象一部分试验资料研究总体现象的数字特征和规律。

所有水文记录中，水文随机事件(A)出现的概率 $P(A)$ 由有利于随机事件 A 的结果数 k 与试验中所有可能出现的结果的比值确定：

$$P(A) = k / n \qquad (5.26)$$

在试验次数有限情况下，对总体难以做到完全掌握，则以频率进行衡量。设事件 A 在 n 次试验中出现了 m 次，则事件 A 在 n 次试验中出现的频率为：

$$p(A) = m / n \qquad (5.27)$$

数学方程式所表示的频率曲线称为理论频率曲线，但水文数据获取具有时间和空间局限，水文分析计算中往往使用水文频率曲线来客观表征，这种由实测资料(样本)绘制的频率曲线称为经验频率曲线。

经验频率曲线的绘制分为三个步骤，分别为排频、经验频率计算、点绘频率点和趋势绘线。首先把实测水文资料按从大到小的顺序进行排列；然后用经验频率公式计算系列中各项的频率；以经验频率 p 为横坐标，水文变量 x 为纵坐标，在图上点绘经验频率点；对各点进行连接和平滑处理，形成符合点群趋势的一条平滑的经验频率曲线。

对经验频率的计算，区别于频率，经过多次测试和研究后，推荐以我国水文计算上广泛采用的数学期望公式来进行计算：

$$p = \frac{m}{n+1} \times 100\% \qquad (5.28)$$

式中，m——某个水文变量的排序；

　　　　x_m——水文排序 m 号的水文变量；

　　　　n——系列的总项数；

　　　　p——等于和大于 x_m 的经验频率。

经验频率虽然广泛使用，但受实测资料限制往往难以满足精确设计的需要，还需要结合理论频率曲线来配合经验点据，这就是水文频率计算适线(配线)法。

2. 重现期

什么叫"百年一遇"？新闻报道和科研成果中经常会出现这一用语，"百年一遇"是指"一百年只会发生一次"或者"如果已经发生一次，在未来 99 年内不可能再发生"？要回答这些问题就要掌握重现期概念。所谓重现期是指多少年一遇的事件，具体是某随机变量的取值在长时期内平均多少年出现一次。它是对抽象的频率的一种直观反映，水文上常用"重现期"来代替"频率"以便人们更容易理解水文事件和现象出现的可能性。重现期概念用于不同研究问题的分级中，如洪水、暴雨均常常出现"N年一遇"的分级和表述，在干旱和高温以及其他极端事件中也存在"N年一遇"的分级。根据这种研究的差异，重现期(T)与频率(p)的关系存在不同界定。当研究暴雨洪水问题时，一般设计频率$p<50\%$，则

$$T = \frac{1}{p} \tag{5.29}$$

反之，当考虑水库供水、枯水、径流干枯、干旱发生等问题时，设计频率$p>50\%$，则

$$T = \frac{1}{1-p} \tag{5.30}$$

3. 枯水预报

枯水预报是水文预报的一种，主要任务是根据流域在枯水季节的蓄水消退规律，基于前期蓄水资料对未来河川径流量和流量过程进行预报。预见期从几天到一个月以上。流域蓄水分为地表蓄水和地下蓄水两部分，其中，有土壤水、潜水和承压水等地下蓄水和河网、湖泊、沼泽、洼地中的地表蓄水(倪雅茜，2005)。枯水预报主要的方法包括退水曲线法和前后期径流量相关法。

在此，仅考虑简单情况，即长期无雨后河中水量几乎全由地下水补给。流域枯水期t时刻的出流量$Q(t)$为

$$Q(t) = -\mathrm{d}W(t)/\mathrm{d}t \tag{5.31}$$

蓄水量$W(t)$为

$$W(t) = KQ(t) \tag{5.32}$$

式中，K——流域退水参数。

联立求解式(5.31)和式(5.32)，得枯水期流量消退规律的表达式为

$$Q(t) = Q(0)\mathrm{e}^{-(t/k)} = Q(0)K_\mathrm{r}^t \tag{5.33}$$

式中，$Q(0)$——枯水期某一初始时刻的流域出流量，m^3/s；

K_r——消退系数。

因此，只要分析出流域K_r值，就可掌握该流域的退水规律。

1)退水曲线法

采用退水曲线法进行枯水预报，Δt时段后的流量可通过式(5.34)计算得到：

$$Q(t+\Delta t) = Q(t)\mathrm{e}^{-\beta \Delta t} = Q(T)K_\mathrm{r}^{\Delta t} \tag{5.34}$$

K_r则可通过相邻流量刻画的关系曲线取相邻两者流量的比值得到：

$$K_\mathrm{r} = \frac{Q(t+\Delta t)}{Q(t)} \tag{5.35}$$

K_r的求取可采用图5.21所示曲线关系得到。

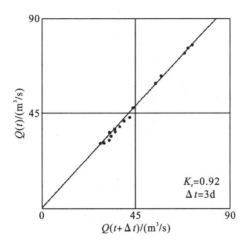

图 5.21　示例站枯水期 $Q(t+\Delta t) \sim Q(t)$ 关系图

2) 前后期径流相关法

前后期径流相关法是通过流域前期径流量与后期径流量的相关关系来对未来后期径流进行预报，预报期尽量在一个月内，特别是以天为单位具有更强的相关性。具体做法是以历史平均的前期 Δt (如 10 月 31 天) 的平均流量与后期(11 月 30 天)的日平均流量点绘在坐标系内，确定两个月平均流量的关系线，在以后的 10 月已经知道径流的情况，则可以预报 11 月相应日流量。

4. 水文要素相关分析

相关分析或回归分析在水文要素相关性中的应用非常广泛，如水利工程规划设计常用展延样本系列的方法来提高样本的代表性，以及利用流量水位关系进行洪水预报等。常见的相关法有直线相关、曲线相关，多变量(多元)相关等。相关分析方法需要求出变量间关系的表达式或图形，核心是基于最小二乘法原理，提出提供变量和变化解释的方程形式。相关(回归)的分析，涉及相关系数、显著性、回归系数、复相关系数、回归方程、均回归误差等概念（相关案例可参照水位流量关系）。

在此，仅以复相关的图解法和复相关计算为例简单介绍。假设元江径流受到降水、温度的影响，则考虑这 3 个变量的相关，称为复相关，或多元相关。三者之间的复相关关系可通过图解法(采用图解法选配相关线)确定：首先根据实测点绘出 z 与 x 的对应值于方格纸上；标注 x、z 对应的 y 值；选取 y 值相等的点确定"y 等值线"，即得到复相关关系图。复相关图反映了三变量的关系，可用于因变量 z 值的插补和延长：首先确定 x 轴的 x_i 值，向上引垂线至相应的 y_i 值，然后便可查得 z_i 值，该值即是延长的值(图 5.22)。需要注意的是，水文计算和水文预报中经常会遇到复曲线相关图，其做法与复直线相关图一致。

当采用分析法进行复相关分析时，问题则演变为地理数学方法或计量地理学的回归分析。

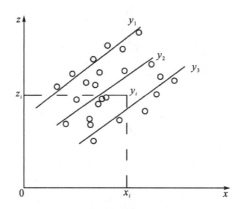

图 5.22　复相关示意图(雒文生等，2010)

5. 实时水文预报

实时水文预报就要做到实时、短期、快速预测预报，从而增长洪水预报的预见期，提高预报精度。在实时过程复杂多样、观测精度与维度仍有待提高的情况下，实时水文预报估计值与实际出现值偏离不可避免。因此，实时预报就要不断更新实时数据，评估实时预报误差信息，从而及时地校正、改善预报估计值及参数精度。

实时水文预报的方法多样，但在预报作业中多采用最小二乘方法进行参数确定，包括衰减记忆递推及序贯递推最小二乘算法等，具体方法参照计量地理学及水文预报等相关书籍(雒文生等，2010)。水文预报误差主要来源于模型结构误差、参数估计误差和模型的输入误差。因此需要利用实时预报校正模型或方法进行校正。此章不赘述。水文实时预报的最小二乘法是水文预报模型参数估计的常用方法，利用该法可获得一个在最小方差意义上与实测数据拟合最好的模型，该方法的基本算法如下。

设水文预报要素 $y(i)$ 和 i 时刻($i = 1,2,\cdots,m$)所观测的影响因素 $x_1(i), x_2(i), \cdots, x_n(i)$ 数据间的关系可用 m 个方程表示：

$$y(i) = \theta_1 x_1 + \theta_2 x_2 + \theta_n x_n + e(i) \quad (i = 1,2,\cdots,m) \tag{5.36}$$

式中，$e(i)$ 为误差量，$\theta = (\theta_1, \theta_2, \cdots, \theta_n)$ 是一个待定的参数向量，设定 V 为误差向量，则式(5.36)的矩阵形式为

$$Y = X\theta + V \tag{5.37}$$

式中，X 为输入向量，Y 为输出向量，则：

$$Y = \begin{bmatrix} y(1) \\ y(2) \\ \vdots \\ y(m) \end{bmatrix}, \quad X = \begin{bmatrix} x_1(1) & x_2(1) & \cdots & x_n(1) \\ x_1(2) & x_2(2) & \cdots & x_n(2) \\ \vdots & \vdots & & \vdots \\ x_1(m) & x_2(m) & & x_n(m) \end{bmatrix}, \quad \theta = \begin{bmatrix} \theta_1 \\ \theta_2 \\ \vdots \\ \theta_n \end{bmatrix}, \quad V = \begin{bmatrix} V_1 \\ V_2 \\ \vdots \\ V_n \end{bmatrix} \tag{5.38}$$

由最小二乘原理，确定使残余误差平方和最小时得到最可信赖的参数值：

$$J = \sum_{k=1}^{m} V_i^2 = V^{\mathrm{T}} V = \min \tag{5.39}$$

求取 J 对 θ 的偏微分，并赋值为零，则可求得使 J 趋于最小的估计值 θ，有

$$\hat{\theta} = \left(X^{\mathrm{T}}X\right)^{-1}X^{\mathrm{T}}Y \tag{5.40}$$

从而得到预测要素的预报公式。

5.4　气象与水文要素平均态的联合分析

气象与水文可进行联合分析和模拟,这也是气象预报、气候变化和水文演变的重要研究内容和基础。在本科阶段的实习中,我们要求掌握水文平衡基本概念和内涵,掌握水文循环的要素及其基本观测与计算。

5.4.1　水量平衡与水热平衡

水量平衡法是衡量气象、径流以及多年平均水平衡的基础方法。理想情况下,闭合流域多年平均状态下径流量是降水量与蒸发量的差值。由此,在水文循环分析中,一个闭合流域内如不考虑相邻区域的水量调入与调出,其水量平衡方程为(张士锋等,2016):

$$R = P - E \pm \Delta W \tag{5.41}$$

式中,R ——径流量;

$\qquad P$ ——降水量;

$\qquad E$ ——陆面蒸发量;

$\qquad \Delta W$ ——蓄水变量。

对于多年平均情况 $\Delta W \approx 0$,则:

$$R = P - E \tag{5.42}$$

当考虑流域内的水量调入(R_{λ})与调出($R_{出}$)时,其水量平衡方程为

$$R = P - E + R_{\lambda} - R_{出} \pm \Delta W \tag{5.43}$$

从水量平衡方程来看,只要知道多年平均降水量和蒸发量,则可以推求多年平均的径流量。同样,在求得多年面雨量和径流量的情况下,则可以推求多年平均陆面蒸发量。该方法在求取流域区域多年平均陆面蒸发量时较为可靠。同时,该方法不受微气象学法中许多条件的制约,也被用于非均匀下垫面条件和各种天气条件水平衡分析。

当综合考虑水量和热量计算蒸发量时,则水量平衡变为水热平衡。该方法因引入蒸发的计算,从水分供应条件、蒸发面的湿润程度及蒸发能力等角度将径流与气象气候条件关联起来,从而实现了多种条件下水-气候气象关系的分析。在分析中比较普遍使用的方法和公式为:斯拉伯方法、奥里杰科普方法和布德科方法等。

5.4.2　气候类型区划

地理学及相关专业的教学中,往往涵盖气候学、气象学与天气学的内容,但在实习中气象与天气的实习较容易开展,而气候学的实习往往要通过多年平均资料的分析和处理来进行讲解和演示,从而往往受到忽略。特别是在立体气候条件多样,气候分析未与植被条件、水热条件、物候条件结合时,更容易出现问题。多年实习过程中,发现学生较容易犯

错的三个问题：①云南气候概属亚热带湿润季风气候类型，怎么到元江感觉像是到了热带干旱区？②教学中往往说温带、亚热带，但从昆明到元江明显经历半干旱、湿润、干旱等的情况，怎么判断气候类型？③同样在元江，山顶和山脚气候类型明显不一样，讲解反复提到干热河谷效应，这是气候类型吗？

复杂多变的气候类型和区域的水热条件组合让教师和同学们都产生很多杂乱的认知，我们需要帮助同学们从气候类型、气候类型区划去构建地理学的方法论，从而掌握气象、水文要素基础上的气候分析方法和判断依据。

1. 气候类型常规判断

气候是某一地区多年间大气的一般状态及其变化特征，既反映平均情况，也反映极端情况，是各种天气现象的多年综合。对气候的划分和分析需要从不同地区、不同时间的降水、温度、积温等多种因素的综合效应进行分析，而在实施上则从气象积累资料出发，通过水热组合来判断。一般程序为：①从气温和降水的具体数据或资料等入手总结区域气候特征；②以区域气候特征与气候类型划分依据对比，从而得到气候特点相应的气候类型。基本原则是"以温定球、以温定带、以水定型"，详细内容见自然地理学及气象气候学教程。

"以温定球"简述为：在未知经纬度情况或只掌握气温数据，则一般依据七月及一月气温差异推断南北半球。

"以温定带，以水定型"的方法如下（表 5.4，表 5.5）。①根据气温高低判断气候带，将 0℃ 和 15℃ 作为气温的界限，高于 15℃ 为热带；在 0~15℃ 为亚热带；低于 0℃ 为温带；全年最高气温在 0℃ 左右为寒带（表 5.4）。②各气候带又根据降水量及降水分布的月份划分为不同的气候类型，如热带根据降水量变化区间又分为热带沙漠、热带草原、热带季风和热带雨林，划分阈值见相关教材。干湿状况的划分依据是年降水量，以 >800mm、400~800mm、200~400mm、<200mm 为划分标准，依次划分为湿润地区、半湿润地区、半干旱和干旱地区（表 5.5）。干湿状况以干燥度来区分，则又产生差异化的结果，见立体气候部分的论述。

表 5.4　以温定带展示表（黄锦瑞，2003）

代号	气候带	年不小于 10℃ 积温		最冷月平均气温/℃	平均极端最低气温/℃	熟制
		积温/℃	日数/d			
I	热带					
II	温带					
III	寒带					

表 5.5　以水定型展示表

代号	水分区	年干燥度	年降水量	农业意义
A	湿润地区			
B	半湿润地区			
C	半干旱地区			

2. 立体气候

在实习中,沿线及元江的立体气候给同学们带来了深刻印象,云南省及元江的立体气候类型及气候类型区划极具代表性。

1) 地形地貌差异下,立体气候差异显著

在低纬度、高海拔地理条件综合影响下,受季风气候制约,形成了云南四季温差小、干湿季分明、垂直差异显著的低纬山原(山地、高原)季风气候的特点(王宇,1990)。云南省整体介于北纬 21°08′~29°16′,东经 91°31′~106°12′,是低纬度向中纬度过渡地带,北回归线从墨江穿过,年温差小、四季温差不明显。云南南边接近热带海洋,西北背靠青藏高原,受东亚季风、西南季风和高原季风的综合影响,冬天干燥夏天多雨。境内澜沧江、伊洛瓦底江、怒江和元江等河谷深切,哀牢山等横断山分布,地貌复杂,海拔高低悬殊,立体气候明显。同一条河流,从河谷至山顶气温降低,降水增多,立体气候差异也同样显著。

通过选取云南省及西藏、四川、贵州的 124 站 1971~2000 年标准 30 年的日平均气温,统计大于等于 10℃的积温和天数,建立云南区域气温随高度递减的统计关系(图 5.23)。结果显示海拔每升高(降低)100 m,气温约下降(上升)0.51℃(段旭等,2011)。

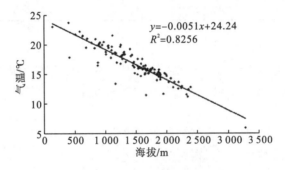

图 5.23　124 站点海拔与气温关系(段旭等,2011)

2) 云南省立体气候带差异明显,多种气候带交叉存在

通过气温来进行划分后,得到云南省不同的气候带分布。这也能回答同学们在实习中产生的广泛问题,如从昆明到元江,先后历经北亚热带、中亚热带、南亚热带和北热带气候,所产生的直观感受差异显著。

以热量和水分为指标可分别确定气候带和气候型,如王宇(1990)将云南省气候采用热量带分类可分为 7 个热量带(表 5.6)。

表 5.6　云南省热量区划指标系统表(王宇,1990)

代号	热量带	年不小于 10℃积温		最冷月平均气温/℃	平均极端最低气温/℃	熟制
		积温/℃	日数/d			
I	北热带	>7500	>360	>15	>3	大春三熟

续表

代号	热量带	年不小于10℃积温		最冷月平均气温/℃	平均极端最低气温/℃	熟制
		积温/℃	日数/d			
II	南亚热带	6000～7500	320～360	10～15	0～3	一年三熟
III	中亚热带	5000～6000	280～320	8～10	−3～0	两年五熟
IV	北亚热带	4200～5000	220～280	6～8	−5～−3	一年两熟
V	南温带	3200～4200	160～220	2～6	−8～−5	一年两熟
VI	中温带	1600～3200	100～160	0～2	−10～−8	两年三熟
VII	高原气候区	<1600	<100	<0	<−10	一年一熟

在仅考虑水分的情况下，则云南省分为 3 个水分类型区，分别是湿润区、半湿润区和半干旱区(表 5.7)。

表 5.7　云南省水分区划指标系统表(王宇，1990)

代号	水分分区	年干燥度	年降水量/mm	农业意义
A	湿润区	≤1.0	>1200	自然降水基本满足农业需要
B	半湿润区	1.0～1.5	850～1200	小春作物必须灌溉
C	半干旱区	1.5～3.5	<850	没有灌溉产量不高不稳

3)云南省的气候区划

通过气温和降水的组合则又有更深入的认识，如 2017 年昆明市平均气温和年降水量分别为 17.1℃和 1042mm，而元江县则为 24.3℃和 921mm，两者的热量和水分组合差异显著。

王宇(1990)通过一级气候热量带与二级气候水分区叠加组合，并考虑地形、植被等因素，对全省进行了气候类型区划，得到 17 个气候区。

4)哀牢山以东和以西的气候差异

哀牢山的隔绝作用使得东部和西部的气候类型产生较大差异，如东部代表站点和西部代表站点年均温度、最冷月、最热月和极端最低气温都产生了较大的变化(表 5.8)。

表 5.8　哀牢山东部与西部地区降水差异(王宇，2006)

位置		纬度	海拔/m	年平均气温/℃	最冷月气温/℃	最热月气温/℃	极端最低气温/℃	≥10℃积温
东部	广南	24°02′	1251	16.7	8.4	22.6	−5.5	5147
	马关	23°02′	1333	16.9	9.8	21.9	−4.0	5317
	丘北	24°03′	1452	16.3	8.5	21.7	−7.6	5032
西部	镇沅	23°53′	1248	18.6	11.8	23.0	−2.1	6651
	普洱	23°02′	1320	18.2	12.2	22.0	−2.3	6573
	临沧	23°53′	1502	17.3	10.9	21.4	−1.3	6081

　　这种地形地貌引起的差异不仅表现在温度上，降水量也有较大的变化。如东部红河州年降水量为 848.5mm，而纬度较为接近的墨江则为 1334.5mm，而两者海拔约差了 300m。不同纬度上，海拔差异导致的降水差异也极为显著，详见表 5.9。

表 5.9　哀牢山东部与西部地区降水差异（王宇，2006）

地点		纬度	海拔/m	年降水量/mm
东部	红河	23°22′	974.5	848.5
	广南	24°02′	1250.5	1037.5
	文山	23°23′	1271.6	1001.7
	蒙自	23°23′	1300.7	844.7
	新平	24°04′	1497.2	949.6
西部	景谷	23°30′	913.2	1278.7
	镇沅	23°53′	1247.5	1253.6
	墨江	23°26′	1281.9	1334.5
	思茅	22°47′	1302.1	1507.8
	临沧	23°53′	1502.4	1170.5

3. 气候变化

　　区别于历史时期，气候在不同时间也存在变化。温度和降水是气候变化的核心指标，在对这两个指标的分析上存在大量的方法和组合指标。图 5.24 和图 5.25 是元江县 1961～2010 年的温度和降水的变化曲线，温度增加和降水量减少趋势明显，而这是否指示气候变暖和区域干旱程度增加则需要深入的分析和探讨。元江县是否存在气候变化以及气候变化的幅度和影响，都涉及气候变化的检测和趋势分析。在此，不再赘述。

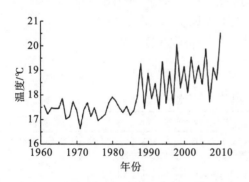

图 5.24　元江县 1961～2010 年年平均温度

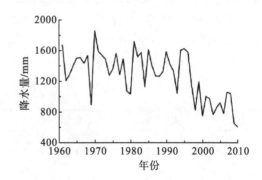

图 5.25　元江县 1961～2010 年年平均降水量

5.5　实　习　内　容

5.5.1　实习目的与要求

1. 实习目的

（1）了解并掌握主要气象要素和水文、水资源的基本知识及原理。

（2）通过实习，了解气象要素观测的基本原理及观测仪器的基本构造，掌握使用仪器观测气象要素的相关步骤和方法。

（3）通过对气象要素的观测、查算，熟悉气象工作基本流程，了解气象观测的场址选择，掌握主要气象要素的统计与气候类型的判别。

（4）熟悉水位观测、流速测量、流量监测、泥沙测验的基本原理和计算方法。

（5）学习水文数据处理和水文情势分析。

（6）能够将气象、水文要素资料与科研、应用需求结合，能独立构想解决现实问题的方案。

2. 实习要求

（1）遵守纪律，服从实习指导老师和各组组长的安排，团队分工合作，注意安全；认真听讲，仔细进行野外观察，积极主动思考。

（2）系统记录和深入思考，包括：实习路线和各实习点的位置、目的与任务、主要观测气象与水文内容及现象，详细描述气象和水文观测的步骤，需附气象和水文野外图件和说明。认真完成实习报告（包括必要的图件）。

5.5.2　实习安排及主要知识点

1. 实习布置和分组

实习测站：元江县水文站（国家级测站）、元江县气象台站（国家基本气象站）/元江县气象局。

实习专业：自然地理学、人文地理学、地理信息科学、地理科学等专业。

测站分组：甲组与乙组，每组 45 人左右，以下根据实际情况分为多个组。

分组原则：①三个专业交叉组合；②优差学生组合；③男女生组合。

实习点和内容布置见表 5.10。

表 5.10　实习分组及内容设置

实习时间	实习分组	实习地点	实习内容、方式	专业要求
沿途时间	不分组	元江大桥、沿途支流交汇	讲解汇流、支干流、形态、断面情况 观察水体颜色、岸滩、植被及建筑情况	掌握河流形态及流域整体情况
第 1 时段 （2 天，含内业 1 天）	组 1	元江县气象局	专业人员讲解气象局机构、设置等情况 展示业务成果与服务情况 专业人员讲解气象、气候数据使用	了解气象局情况
		元江气象观测站	实地讲解气象观测场、仪器等 展示气象要素观测 展示气象观测数据控制和整理	掌握气象要素观测和整编
	组 2	元江水文站驻地	讲解水文测站功能及业务 展示水文仪器设备 讲解水文测量设备及作用	了解测站情况 掌握测站功能
		元江水文测站	讲解及实操水文、泥沙等要素测量 讲解水文站降水、蒸发测量 讲解河流形态、剖面及观测要点	了解实际操作 掌握水文要素整编和使用

续表

实习时间	实习分组	实习地点	实习内容、方式	专业要求
第 2 时段 （2 天，含内业 1 天）	组 1	元江水文站驻地	讲解水文测站功能及业务 展示水文仪器设备 讲解水文测量设备及作用	了解测站情况 掌握测站功能
		元江水文测站	讲解及实操水文、泥沙等要素测量 讲解水文站降水、蒸发测量 讲解河流形态、剖面及观测要点	了解实际操作 掌握水文要素整编和 使用
	组 2	元江县气象局	专业人员讲解气象局机构、设置等情况 展示业务成果与服务情况 专业人员讲解气象、气候数据使用	了解气象局情况
		元江气象观测站	实地讲解气象观测场、仪器等 展示气象要素观测 展示气象观测数据控制和整理	掌握气象要素观测和 整编

2. 实习主要知识点

实习区位于云南省玉溪市元江哈尼族彝族傣族自治县境内。

实习地点是元江哈尼族彝族傣族自治县气象局及气象台站、水文站驻地及水文测站。

实习内容主要涵盖以下三个方面。

1) 气象观测及气象资料整编工作方法

主要包括气象台站布置，温度、湿度、气压、风、降水、日照、太阳辐射、云、地温和蒸发量等的观测和资料整编。要求掌握气象、气候观测和资料整编。

2) 水文观测及水文分析

水文监测是水文传感器技术与采集、存储、传输、处理技术的合成。

范围：江、河、湖泊、水库、渠道和地下水等的水文要素。

内容：常规水文项目监测包括降水、蒸发、水位、流量、泥沙、水质、水温、河床和库区冲淤变化等。

掌握核心要素的观测：水位是国家建设、防汛抗旱的基本依据，是国民建设服务的基础信息，是推算其他水文信息并掌握其变化的间接资料。观测标准见《水位观测标准》(GBJ 138)。观测设备有水尺和水位计，常用的有浮子式水位计、压力式水位计、电子水尺和超声波水位计。

3) 资料记录、综合分析与报告撰写

主要包括野外记录资料的归纳与整理、综合分析观测结果、提出并解决现实问题、实习报告撰写等。要求主动思考，掌握科技论文、报告的写作规范。

实习点和主要知识点见表 5.11。

表 5.11　实习点及主要知识点

实习点	主要知识点
①红河大桥及沿线观察点	元江河流沟谷、河流形态、河流深切大断面；元江河流水体颜色；河流周边种植结构及水工建筑物等

实习点	主要知识点
②元江县气象局	气象局功能；气象局机构设置、定位、人员；气象局核心作用、气象服务业务等
③元江气象观测站	气象观测场的设计；气象观测场布局；气象观测要素；气象观测仪器设备；风雨雷电现象；云高云量的观测和判断；气象观测数据控制和整理
④元江水文站驻地	元江水文测站定位与重要作用；水文站编制及要求；水文站资料整编情况；流量测定仪器设备；泥沙测量仪器设备；流速测量仪器设备及知识；降水与水面蒸发测量仪器设备；水位观测知识及仪器设备；河流断面测量知识与仪器设备
⑤元江水文测站	泥沙量测定；水位观测；水体颜色；流速测定；水面蒸发的观测；蒸发观测；降水量观测；河流形态观察；河流阶段及河流岸线观测；流量换算；河流剖面绘制

实习作业与思考题

(1)元江气候类型的划分及其依据。对元江县政府所在地进行判断，参考元江县整体气候类型划分，并给出判断的依据。

提示：气候类型的划分见"气象观测与内业"的"主要气候要素的统计与气候类型的判别"部分。

(2)元江县气候区划类型。利用气象和水文的观测数据，进行水平衡分析，粗略判断气象站覆盖范围气候区情况。

提示：相关判断及依据见"气象与水文的关系及联合分析"部分。

(3)元江百年一遇洪水淹没风险及可能性分析。根据元江水文监测数据进行元江洪水频率分析，依据洪水水文结合数字高程，判断洪水对市区的淹没范围及可能影响。

提示：分析方法见"水文情势分析"的"水文频率计算"，并依据数字高程、城市分布、居民区分布及农业情况，探查洪水影响。

(4)水资源的组成与水资源还原。根据水文观测、结合水资源概念，调研元江县水资源组成，通过径流量与水资源量的对比分析，掌握水资源组成，了解径流还原概念和方法。

提示：复习相关教材水资源部分并深入调研水资源计算方法。

(5)元江县降水量分布及等值线绘制。根据气象观测资料，绘制元江县降水量分布图，总结元江县降水分布规律。

提示：参考面降水量的求取和绘制。

(6)元江县产果季的蒸发水量。根据气象观测资料，计算作物蒸腾量。

提示：参考蒸发量的计算。

(7)元江站某次强降水的降水强度判别和损害评估。根据附表 1.2 中的降水强度等级划分标准，进行判别和损害评估。

(8)元江干热河谷的特征及生态系统探讨。

主要参考文献

陈武框，郑学文，李昕娣. 2008. 气象用水银气压表的使用及注意事项[J]. 气象水文海洋仪器, (3): 94-96.

邓俊. 2015. 用于气象探测的低辐射误差温度传感器系统设计[D]. 南京：南京信息工程大学.

段旭, 陶云, 段长春. 2011. 云南省细网格气候区划及气候代表站选取[J]. 大气科学学报, 34(3): 336-342.

费学海, 张一平, 宋清海, 等. 2016. 元江干热河谷太阳辐射各分量及反照率变化特征[J]. 北京林业大学学报, 38(3): 1-10.

高青芳, 范宜构, 陈雪芹. 2009. 暗筒式日照计常见误差分析[J]. 气象科技, 37(4): 511-512.

高瑜, 刘素娟. 2012. 暗筒式日照计观测中存在的一些问题[J]. 北京农业, (21): 177-178.

胡金明, 何大明, 李运刚. 2011. 从湿季降水分异论哀牢山季风交汇[J]. 地球科学进展, 26(2): 183-192.

黄锦瑞. 2003. 浅淡气候类型的判断原则和方法[J]. 基础教育研究, (Z1): 76-78.

林伟波, 孔德雨, 罗锋. 2013. 瓯江口细颗粒泥沙沉速计算方法研究[J]. 水力发电学报, 32(4): 114-119.

刘金星. 2005. 城市暴雨径流模型及透水式管道设计方法研究[D]. 杭州: 浙江大学.

刘玉洪, 张克映, 马友鑫, 等. 1996. 哀牢山(西南季风山地)空气湿度资源的分布特征[J]. 自然资源学报, 11(4): 347-354.

陆美美, 周石硚, 何霞. 2017. 青藏高原湖泊蒸发估算方法的比较研究——以纳木错为例[J]. 冰川冻土, 39(2): 281-291.

雒文生, 宋星原. 2010. 工程水文及水利计算[M]. 2版. 北京: 中国水利水电出版社.

倪雅茜. 2005. 枯水径流研究进展与评价[D]. 武汉: 武汉大学.

覃建明, 陈洋波, 王幻宇. 2017. 泰森多边形降雨插值方法在流溪河模型洪水预报中的应用[J]. 中国农村水利水电, (1): 88-93.

秦伟, 蔡冬梅, 李良东, 等. 2014. 桐城国家基准气候观测场改建的雷电防护[J]. 安徽农业科学, 42(30): 10598-10601+10648.

芮孝芳. 2004. 水文学原理[M]. 北京: 中国水利水电出版社.

宋妮, 孙景生, 王景雷, 等. 2013. 基于Penman修正式和Penman-Monteith公式的作物系数差异分析[J]. 农业工程学报, 29(19): 88-97.

王宇. 1990. 云南省农业气候资源及区划[M]. 北京: 气象出版社.

王宇. 2006. 云南山地气候[M]. 北京: 云南科技出版社.

于鑫. 2014. 基于WRF模式和HEC-HMS水文模型的西苕溪流域洪水预报研究[D]. 南京: 南京信息工程大学.

于治信. 1979. 小动槽水银气压表[J]. 气象, (7): 36-38.

张克映, 张一平, 刘玉洪, 等. 1994. 哀牢山降水垂直分布特征[J]. 地理科学, 14(2): 144-151.

张士锋, 陈俊旭, 廖强. 2016. 北京市水资源研究[M]. 北京：中国水利水电出版社.

中国气象局. 2003. 地面气象观测规范[M]. 北京: 气象出版社: 48-68.

第6章　植物地理与土壤地理实习

6.1　实习沿线的植被、土壤背景

海拔 2000 m 以上、东南—西北向的哀牢山长期以来都被视为云南省东西部的一个重要地理分界线，东部为滇东高原区，西部则为横断山纵谷区（王声跃和张文，2002；冯彦和李运刚，2010）。实习路线从元江干热河谷到新平磨盘山国家森林公园，深入哀牢山腹地，刚好跨越了这条地理分界线，沿途可以观察和体验从低海拔河谷地带到中山山顶，植被、土壤随着气候条件发生相应变化的现象和规律。

6.1.1　滇中重要的地理分界线

哀牢山山脉是我国西南纵向岭谷区的主要山脉，为云岭向南的延伸，是云江和阿墨江的分水岭，同时也被认为是云南省最重要的地理分界线。哀牢山—元江(红河)大断裂带既是云贵高原和横断山脉两大地貌区的分界线，也是云贵高原气候的天然屏障。由于处于云南自然地理的东西分界区域，动植物种类丰富，特有种众多，从植物区系上看，具有明显的热带起源特征。特殊的地理位置和自然环境，一方面使其成为动植物东西交汇地和南北过渡带，形成复杂稳定、类型多样的生态系统；另一方面，以高大的哀牢山为界，山地两侧气候因子(水分和热量)有明显差异，对植物群落物种组成、区系起源等方面形成地理阻隔效应(云南植被编写组，1987)，也造就了该区域多样的土壤类型。

6.1.2　元江干热河谷的植被和土壤

元江干热河谷位于新平—蒙自之间，两侧山脉为哀牢山和无量山，分布长度 300km，底部河谷海拔为 300～600m，与两侧山峰高差达 2000m 左右。位于元江县澧江镇的中国科学院西双版纳热带植物园元江干热河谷生态站（北纬 23°28′，东经 102°10′，海拔 481m）2012~2017 年的气象监测记录显示，河谷年平均气温 24.7℃、最高气温 43.7℃（其中 35℃以上高温天气超过 100d），最低气温 3.6℃，年平均降水量 732.8mm（其中雨季 5~10 月的降水量占 77.9%），日照时数 2350h，潜在蒸发量 1750mm[①]。参照干热河谷的气候指标，元江干热河谷是云南境内最为典型干热气候的代表(张荣祖，1992；杨济达等，2016)。由于西南侧的哀牢山脉和无量山脉的屏风作用而造成的"焚风效应"，形成了河谷地带的干热气候，呈现出稀树草原景观。随海拔升高，水分增加，温度降低，较高的山体形成了亚热带气候，植被类型也发生了较大的改变。

---

① 中国科学院西双版纳热带植物园元江干热河谷生态站. http://yses.xtbg.cas.cn/ 2021-02-05.

1. 元江干热河谷典型植被

在《云南植被》一书中，元江所在区域被划为"高原亚热带南部季风常绿阔叶林地带"的"滇东南岩溶山原峡谷季风常绿阔叶林区"，属于西部半湿润常绿阔叶林地带（II$_A$）。元江干热河谷植被及山地的森林经历了长期的破坏，河谷地带的森林已荡然无存。元江干热河谷山地的植被，从群落外貌、结构、种类组成和个体形态等方面看，主要是干旱植被，按植物群落学的观点可以分为稀树灌木草丛、矮林、热带季节性雨林、热带季雨林等 4 种类型。

（1）稀树灌木草丛。在元江干热河谷中，稀树灌木草丛分布范围最广，是面积最大的类型，从元阳县到新平县的漠沙段，在海拔 350～900m 都有分布，主要是以耐旱的灌木、小乔木及草本为主，一般都具有以下的生态特征。乔木植物矮化，枝干多弯曲，灌木丛生，基叶多具毛、叶厚，多为小型叶，具刺的种类较多，有的以肉质多刺的形态特征出现。其主要乔灌木树种为余甘子（*Phyllanthus emblica*）、天干果/豆腐果（*Buchanania latifolia*）、白头树（*Garuga forrestii*）、三叶漆（*Terminthia paniculata*）等，都为耐砍伐、耐火烧、耐干旱的种类，草本主要为牛角瓜（*Calotropis gigantea*）、芸香草（*Cymbopogon distans*）、龙须草（*Elaliopsis binta*）、双龙草（*Garuga forrestii*）等，都是耐旱丛生的种类。

（2）矮林。①扭曲松林：在较高海拔或稍靠北的稀树灌木草丛之上成带状分布，有时和锥连栎（*Quercus franchetii*）林交替混生，上紧接针阔混交林。在元江西面海拔 1200～1300m 较为普遍，是向山体上部非旱生性的针阔混交林的过渡类型，群落特点通常是草木层密集，云南松（*Pinus yunnanensis*）星散出现，草木由扭黄茅（*Heteropogon contortus*）、芸香草、橘草（*Cymbopogon goeringii*）等组成，一般高 80～100cm，混生有虾子花（*Woodfordia fruticosa*）、余甘子等较耐旱的种类，还有少量的栎树的落叶树种混杂在当中。②锥连栎林：常与扭曲云南松林交混生，上接扭曲云南松林或针阔混交林，下紧接稀树灌木草丛，基本上形成带状分布，有时为不连续的片状存在，在元江东岸分布的海拔较高，一般为 1200～1300m，元江西岸海拔上限较低，一般为 920～1120m 左右，草本以耐旱禾草扭黄茅、龙须草等为主，覆盖度 90%，高 1～1.5m，伴生种类有红皮水锦树（*Wendlandia tinctoria*）、余甘子，其次有少量的毛叶黄杞（*Engelhardtia colebrookiana*）等混生。

（3）热带季节性雨林。热带雨林和季节性雨林组成树种的传播，沿沟谷到元江坝区水湿条件较好的河谷和河岸两边，形成热带季风性雨林的景观。然而随着生态环境不断变化，季节性雨林植被退缩到海拔较高、水湿条件较好的环境之中残存下来，且群落结构简单、种类少（贫乏），一般可分出乔木层、灌木层和草木层。乔木树种主要有番龙眼（*Pometia pinnata*）、千果榄仁（*Terminalia myriocarpa*）等。灌木有红紫麻（*Oreocnide rubescens*）、大罗伞（*Ardisia hanceana*）等。草木一般都比较高大，有野芭蕉（*Musa balbisiana*）、地黄连（*Ardisia punctata*）等。

（4）热带季雨林。主要残存在尚有流水的箐沟，比较湿润的小溪和台阶地上，有时分布在离谷底相对高度在 50～100m 的矮坡上。由于长期以来破坏严重，植被分布零散。

2. 元江干热河谷主要土壤类型

元江海拔 1000m 以下的区域为干热河谷区，土壤干燥，土层较薄；而在高海拔区域，受干热河谷气候影响小，具有地带性土壤特征。依据土壤发生分类体系，元江的主要土壤类型有赤红壤、红壤和黄棕壤，以红壤为主，黄棕壤只见于少数海拔较高山体的上部。从低海拔到高海拔依次分布有：燥红土、赤红壤、红壤、黄棕壤，同时，少量石灰土则镶嵌于低海拔的燥红土区域内（贝荣塔等，2009）。

(1) 燥红土。分布范围为 400～1000m，分布在以攀枝花（*Bombax ceiba*）、清香木（*Pistacia weinmannifolia*）、余甘子等为主的北热带稀树灌丛草坡。燥红土的石砾含量多，土层厚薄不一，以薄层为主，全剖面红褐色或灰棕色，质地多为沙壤、轻壤或中壤土。土壤为微酸性至中性反应，全剖面有机质含量中等偏下。

(2) 赤红壤。分布在 1000～1400m，以思茅松（*Pinus kesiya* var. *langbianensis*）、天干果、余甘子等为主的南亚热带稀树灌丛林下。赤红壤的沙性成分较多，土层较薄，全剖面赤黑色或赤褐色，质地多为沙壤、轻壤或中壤。土壤呈酸性，但由于干热河谷的影响，土壤 pH 已接近中性土，土层厚度中等。土壤质地沙性成分重，质地轻；无论是表层还是淀积层，土壤有机质含量低。

(3) 红壤和黄壤。分布范围为 1400～2000m，植被为以云南松、麻栎（*Quercus acutissima*）、栓皮栎（*Quercus varoabilis*）等为主的亚热带常绿阔叶林，林内凋落物丰富，红壤的表土层和整个土层都较深厚，有的深达 100 cm，但局部地段土层较薄。红壤呈强酸性反应，淀积层土壤较黏重，表层土壤有机质含量高，淀积层中仍含有较高的养分。

(4) 山地黄棕壤。分布范围为 2000～2580m，分布在以石栎（*Lithocarpus* spp.）、青冈（*Quercus* spp.）、高山栲（*Castanopsis delavayi*）等为主的温凉湿润常绿落叶阔叶林区域，属于山地黄棕壤亚类。由于黄棕壤分布区域植被保护完好，林内温凉，湿度较大，未腐烂的凋落物丰富，所以黄棕壤养分丰富而全面，土壤肥力高。黄棕壤表土层薄，但整个土层在50cm 以下，土壤潮湿；母岩多为片岩、片麻岩等；土壤质地轻、土层薄、呈酸性反应。土壤全剖面有机质含量、速效养分含量很高。

(5) 石质土（初育土）。石质土的土层薄，石砾含量多，有许多石质土没有明显的淋溶层和淀积层，而是直接为 AC 层，由表土层直接过渡到母质层，这也是幼年土常具有的特性。石灰土为弱碱性反应，质地黏重，剖面多为棕红色。全剖面有机质含量中等偏下，速效养分含量较低。

6.1.3　新平磨盘山的植被与土壤

独特的山地气候，使哀牢山植被具有明显的垂直分布规律。西南坡垂直分布由阿墨江河谷开始：海拔 1100～1800m 为思茅松林及季风常绿阔叶林带，1800～2200m 为云南松林及半湿性常绿阔叶林带，2200～2800m 为中山湿性常绿阔叶林带，2800m 以上为山顶常绿阔叶矮曲林及灌丛带。东北坡植被垂直系列从元江河谷起：海拔 500～1000m 为干热河谷植被带，1000～2400m 为云南松林及半湿性常绿阔叶林带，2300～2900m 为中山湿性常绿阔叶林，2900m 以上为山顶常绿阔叶矮曲林及灌丛带。

新平磨盘山地处云南省新平彝族傣族自治县平甸、扬武、漠沙 3 乡镇交界处，距县城 20 km，因山体形如磨盘而得名，主峰敌军山海拔 2614.4m，是中山半湿性常绿阔叶林为主的原生林和次生林组成的原始森林区。自然条件独特，境内由山峰和支脉构成窄长和深度切的中山山地地貌，其中典型森林生态系统具有涵养水源、保持水土和调节全球气候变化的作用。由于地处哀牢山以东、元江河谷以东，植被、土壤的垂直变化规律与哀牢山非常相似。

1983 年，经云南省人民政府批准，磨盘山被列为省级综合自然保护区。1992 年被列为国家级自然保护区，经林业部批准同意建立国家级森林公园。磨盘山国家森林公园地理位置为北纬 23°46′～23°54′，东经 101°16′06″～101°16′12″，海拔 1260～2614.4 m，是云南亚热带北部与亚热带南部的气候过渡地区，有着典型的山地气候特点，年平均气温 15℃，年平均雨量为 1050mm，极端最高气温 33.0℃，极端最低气温-2.2℃，全年日照时数 2380 h。5～10 月为雨季，其中 6～8 月雨量较集中，11 月至翌年 4 月为旱季，雨水较少雾日多。

1. 磨盘山植被

磨盘山是以云南特有中山半湿性常绿阔叶林为主的重要原始森林区，分布有高等植物树蕨（*Arthropteris palisotii*）、梭罗树（*Reevesia pubescens*）、野茶树（*Eurya alata*）、楠木（*Phoebe chinensis*）等。《新平县植被调查》显示，磨盘山有高等植物 98 科、237 属、324 种。植物群落类型多样，结构成分复杂，并呈现出明显的垂直带谱；从下至上依次分布着暖性常绿针叶林，暖性常绿阔叶林，亚热带湿性常绿阔叶林，落叶阔叶林，湿性针阔混交林，山顶杜鹃矮曲林，人工林有华山松林（新平县林业志，2008）。

1）暖性常绿针叶林

（1）云南松林。云南松林是云贵高原上常见而重要的针叶林，也是西部偏干性亚热带的典型代表群系，为半湿润常绿阔叶林退化后的次生林；分布于 900～1800m 的区域。云南松林结构简单，层次分明，常见乔木、灌木和草本植物三层，成熟林中也出现乔木亚层，林内明亮而干燥，成熟的云南松林高 15～20cm，胸径 20～40cm，过熟林高 25～30cm，胸径 40～60cm。在立地条件较好、人为活动少的地方，云南松林中常混生有较多的阔叶树和其他针叶树，如栓皮栎、木荷（*Schima superba*）、高山栲（*Castanopsis delavayi*）、滇油杉（*Keteleeria evelyniana*）等，但均处于乔木亚层。灌木通常不发达，特别是纯林下，由于经常放牧、伐薪及山火的影响，灌木更为稀少，以杜鹃花科、乌饭树科、蔷薇科为最多，例如，白花杜鹃（*Rhododendron mucronatum*）、碎米花杜鹃（*Rhododendron spiciferum*）、云南泡花树（*Meliosma yunnanensis*）、南烛（*Lyonia ovalifolia*）、乌饭（*Vaccinium* spp.）、黄泡（*Rubus pectinellus*）、水红木（*Viburnum cylindricum*）、水锦（*Wendlandia uvariifolia*）、毛杨梅（*Myrica esculenta*）、枇杷叶润楠（*Machilus bonii*）、滇含笑（*Michelia yunnanensis*）等。这些植物萌生力强，耐旱耐火。草本植物茂密，盖度大而种类少，以禾本科草类为主，还有少量菊科、伞形科、蔷薇科的一些种属以及蕨类等。这些植种大多数属地面芽植物，雨季绿草如茵，旱季一片枯黄。附生及藤本植物少见，主要的有鱼藤（*Derris fordii*）、巴豆藤（*Craspedolobium schochii*）等。

（2）华山松林。华山松（*Pinus armandii*）是我国西部亚热带山地较喜光、耐寒的针叶树种，适宜于温和、凉爽、湿润的气候条件。在其分布区内，华山松多分布于阴坡、半阴坡或半阳坡，通常年均气温为 16～17.8℃，不小于 10℃积温 4600～5700℃，年降水量 900～1300mm。华山松的伴生树种以云南松及半湿性常绿阔叶树种为主，如滇石栎（*Lithocarpus dealbatus*）、滇青冈（*Cyclobalanopsis glaucoides*）、高山栲和落叶树种栓皮栎、旱冬瓜/尼泊尔桤木（*Alnus nepatensis*）等，有时还伴生有少量的云南松和滇油杉。磨盘山上的华山松林属于半湿润常绿阔叶林退化后营造的人工林。华山松林的生态功能较强，水土保持、涵养水源和净化环境的效益比较显著。由于地表草本层和凋落物覆盖的原因，表层土壤含水量通常较高。

2）落叶阔叶林

落叶阔叶林是暖温带地区阔叶林中主要的森林植被类型。构成群落的乔木全部是冬季落叶的阳性阔叶树种，森林群落经常是以一种树种占优势，即不同地区的不同生境中形成各种类型的群落，结构简单，由乔木、灌木、草本三层组成，它是在常绿阔叶林和针叶林遭受破坏后，在森林迹地上出现的过渡性和次生植被类型，面积较小，分布零星。

（1）旱冬瓜林。旱冬瓜林是在温暖阴湿环境中出现的次生林，多见于海拔 1800～2300m 范围内，一般分布在沟谷两岸的山脊侧面平缓之地。林木通直高大，成熟林一般高 28m，胸径 45cm，林冠参差不齐，天窗较大，层次分明，结构简单。林下灌木主要种类有南烛、火把果（*Pyraxanrha fortuneana*）、棠梨（*Pyrus nashia*）、小叶乌饭（*Vaccinium fragile*）、水红木、野山茶（*Camellia cordifolia*）、野樱（*Prunus conradinae*）、柃木（*Eurya cavinerivis*）、泡泡叶杜鹃（*Rhododendron spiuliferum*）、碎米花杜鹃等。草本层盖度 20%～40%，主要种类有野青茅（*Deyeuxia scabrescens*）、翻白草（*Potentilla fulgens*）、苔草（*Carex* spp.）、蕨（*Pterudium revolatum* var. *latiusculum*）、悬钩子（*Rubus* spp.）、香薷（*Elsholtzia ciliate*）、艾蒿（*Artemisia aniacea*）等，生长茂密。

（2）栓皮栎林。栓皮栎林零星分布于海拔 800～2200m 的范围，是重要的用材树种，又是剥取栓皮的经济林木，由于人们经常伐薪，致使该类型多处于幼林状态，平均高 4cm。林内灌木有余甘子、乌饭、羊脆木（*Pittosporum kerrii*）、小野漆（*Toxicodendron delavayi*）、南烛、千斤拔（*Flemingia philippinensis*）等。草本植物有莎草（*Cyperus* spp.）、拟金茅（*Eulaliopsis binata*）、仙茅（*Curculigo orchioides*）、野姜（*Zingiber striolatum*）、蕨等；藤本植物有菝葜（*Smilax china*）、宿包豆（*Shuteria sinensis*）。

3）中山湿性常绿阔叶林

中山湿性常绿阔叶林出现于海拔 2100m 以上的中山上部，多系次生植被。外貌常绿，干枝附生苔藓、蕨类及兰科的一些植物。林层结构一般分为 3～4 层，壳斗科、樟科、山茶科、木兰科的植物是上层乔木的优势种，林下绝大多数是常绿的阔叶植物。

（1）以元江栲、多变石栎、银木荷为主的常绿阔叶林。分布于海拔 2130～2400m 的山地。群落外貌郁闭、绿、黄、淡绿几色镶嵌，林冠椭圆状，凹凸不平，高 15～22m，干枝均有苔藓包被。组成林分的乔木种类有元江栲（*Castanopsis orthacantha*）、多变石栎（*Lithocarpus variolosus*）、银木荷（*Schima argentea*）、猪头果（*Anneslea fragrans*）、冬青（*Ilex chinensis*）、翅柄紫茎/赫德木（*Stewartia pteropetiolata*）、臭樟（*Cinnamomum glanduliferum*）、美苞石栎（*Lithocarpus calolepis*）、白穗石栎（*Lithocarpus leucostachyus*）、木兰（*Magnolia* spp.）、莽草（*Illicium lanceolatum*）等。林下灌木常见的有柃木、小罗伞（*Ardisia punctata*）、乌饭、南山茶（*Camellia semiserrata*），高 1～4m；草本极少，只有少量的建兰（*Cymbidium ensifolium*）、莎草、蹄盖蕨（*Athyrium filix-femina*）。层间植物常见的有猕猴桃（*Actinidia* spp.）、湖北羊蹄甲（*Bauhinia hupehana*）等。

（2）山顶苔藓矮林。以马缨花（*Rhododendron delavayi*）为主的山顶杜鹃矮曲林，是在寒冷、潮湿环境条件下形成的植物群落，分布于山体的上部，海拔 2400m 左右，在种类成分上与元江栲有密切的联系，即在马缨花林中有一定数量的元江栲伴生，但因土层较薄，多裸岩，故此元江栲与马缨花处于同一林层之内，群落高 1.2m，林冠扇形，参差不齐。林下灌木有少量的柃木和小罗伞，高约 1m。草本植物以莎草为主，高 0.6m，林木干枝 90% 以上被苔藓包被，有马缨花枯立木站杆和枯倒木，分解力不强。

4）隐域性植被

中山湿性常绿阔叶林的森林植被遭受破坏后的地段，被次生山地灌丛或草甸占据。山地草甸发育于中山山顶局部水湿条件较好的平缓部位。由于海拔较高、气温低、降水多、湿度大，与基带相比，山顶部位气温至少要低 8～15℃，年降水量可增高 1～2 倍。一年中有大半时间云雾弥漫，相对湿度高达 70%～90%，土壤积雪和冻结期较长。同时又由于山顶风强，乔木生长困难，仅有灌丛及耐湿性草甸植被生长。或有的地方过去曾为木本植物所覆盖，因受火灾影响，林木消失，逐渐被耐风耐寒的灌丛及草甸植被替代，有的形成草毡层，地表生长地衣和苔藓，植被覆盖率在 90% 以上。磨盘山顶及月亮湖周边都有此类型的山地草甸，以莎草科、禾本科、毛茛科、蔷薇科、蓼科、竹类等草本为主。但月亮湖旁的草甸已被破坏，山顶草甸的莎草科物种成分比重更大，反映出山顶局部水湿条件较好的特点。

2. 磨盘山土壤

磨盘山的土壤以古近—新近纪古红土发育的山地红壤和玄武岩红壤为主，部分地段出现黄壤，高海拔地区有黄棕壤分布。土壤厚度以中厚土壤层为主，局部为薄土层。

（1）红壤。分布于磨盘山 1200～1800m 的云南松林下。偏酸，有效养分稀缺，下层柱状或棱块状发育明显，结构紧实。

（2）黄壤和山地黄壤。分布于海拔 1700～2000m，自然植被类型为中山湿性常绿阔叶林和半湿润常绿阔叶林，现多为人工栽植的云南松林、华山松林和松栎混交林下。淋溶作用明显，微酸性或酸性反应，自然肥力较高。

（3）山地黄棕壤。分布于石栎属、青冈属、杜鹃等植物为主的山顶苔藓矮林下，淋溶作用明显，酸性或微酸性反应，自然肥力高。

（4）山地灌丛草甸土。主要分布于磨盘山主峰山顶附近，其他地区分布零星。山地灌丛草甸土是由于地形汇水作用而形成的，生长有灌丛和中生草甸植物。这类土壤有机质含量特别高。全剖面土色暗、土质轻、黏粒含量少、无淋溶淀积。微酸性反应。

6.1.4　哀牢山—元江河谷的植被和土壤垂直分布

哀牢山由于山体相对高差大，气候、植被、土壤的垂直分布差异明显。

1. 气候带垂直分异

哀牢山山体高大，且山岭走向与东北方向侵入的冷空气近于垂直相交，气候屏障效应明显。对东北方向来的冷空气是一道天然屏障，强度不大的冷空气很难翻越海拔 3000m 以上的哀牢山，常常滞留在哀牢山以东地区，实力强大的冷空气即使越过哀牢山，势力也已经大大减弱。这就使得哀牢山东部与西部气候特征有明显的差异。另外，哀牢山的走向与影响云南的西南暖湿气流几乎垂直，导致雨季西部型季风所带来的印度洋暖湿气流，以及干季孟加拉湾暖湿气流翻越哀牢山后在背风坡产生下沉运动，使得山体东麓气温明显增高、降水减少、湿度减小，表现出典型的焚风效应特征（王宇，2005）。

根据全国和云南划分气候带的主导指标，哀牢山从低海拔河谷地区至山顶可划分为北热带、南亚热带、中亚热带、北亚热带、南温带 5 个山地垂直气候带。具体的气候条件如下。

（1）东坡海拔 800m 以下的地区为干热河谷地区，属北热带气候，其特点是：温度高，年平均气温 24.1℃，极端最高气温达 42.3℃，极端最低气温 3.8℃，大于等于 10℃的年均积温 8800℃，年日照 2340.6h，年均降水量 780mm，80%的降雨在 5～10 月；相对湿度低，蒸发强烈，年均蒸发量为 2750.9mm，为年均降水量的 3.5 倍；燥热干旱，焚风效应强。

（2）东坡海拔 800～1300m，西坡 1700m 以下的山体，属南亚热带气候。年均气温 18～20℃，大于等于 10℃的年均积温 6500～7500℃，年降水量 900mm 左右，无霜期 300～350 d。

（3）东坡海拔 1300～1700m，西坡 1700～2000m 的山体，属于中亚热带气候。年均气温为 17.4℃，极端最高气温 31.1℃，极端最低气温-4.3℃，大于等于 10℃的年均积温 6295℃，年均降水量 1251.7mm，年均相对湿度 76%，无霜期 230 ～300 d。

（4）东坡海拔 1700～2100m，西坡海拔 2000～2300m 之间的山体，具有北亚热带气候特征，年均气温 14.4℃，极端最高气温 27.7℃，极端最低气温-2.4℃，大于等于 10℃的年均积温 5295℃，年均降水量 1721mm，年均蒸发量为 1525mm，为平均降水量的 88.6%，平均相对湿度 76%，平均风速 2.2～5.9m/s，最大风速 24.4m/s，多出现在冬春季节。

（5）东坡海拔 2100m 以上和西坡海拔 2300m 以上的高海拔山体，属于南温带气候。年均气温 12℃，极端低温-8℃，年均积温 3500℃，年均降水量 1900mm。该气候带雾大、湿度大、气温低、日温差大，山风强烈，有严重霜冻，并常降雪。

哀牢山各个气候带分布高度上限与云南省内东部地区相比要高 200~300m,其原因是东坡受焚风效应影响气温增高;西坡因气候屏障效应受冷空气影响程度较轻,影响次数少,因此气温偏高;同时哀牢山区的逆温现象发生频率也比较高,冬春气温显著偏高(王宇,2005)。

2. 植被垂直分布

哀牢山—元江河谷的植被类型可以分为干热河谷稀树灌木草丛、偏干性常绿阔叶林、半湿性常绿阔叶林和云南松林、中山湿性常绿阔叶林、常绿阔叶苔藓矮林、山顶杜鹃灌丛或灌丛草甸等类型(金振洲,2002;李海涛等,2008)。

(1)干热河谷稀树灌木草丛带:分布于海拔 900m 以下干热河谷地区,由于地处雨影区,焚风效应作用下,形成干热气候特点。乔木稀少,树冠稀疏,多为落叶类或具旱生构造的植物种类。除代表植物天干果外,常见九层皮/家麻树(*Sterculia pexa*)、毛叶猫尾木(*Dolichandrone stipulata* var. *kerrii*)、千张纸/木蝴蝶(*Oroxylum indicum*)、毛叶黄杞、清香木、合欢(*Albizia* spp.)等分布。灌木层疏散,有时呈块状分布,以虾子花为主。此外,尚有余甘子、粗叶水锦树(*Wendlandia scabra*)、火索麻(*Helicteres isora*)、扁担杆(*Grewia biloba*)、细齿山芝麻(*Helicteres glabriuscula*)、土蜜树(*Bridelia tomentosa*)、大叶紫珠(*Callicarpa macrophylla*)等分布,均为耐干热的植物。草本层茂密,以黄茅(*Heteropogon contortus*)为主,还有粗叶耳草(*Hedyotis verticillata*)、茅根(*Perotis indica*)、刺芒野古草(*Arundinella setosa*)、硬秆子草(*Capillipedium assimile*)、橘草、黄背草(*Themeda japonica*)、球穗草(*Hackelochloa granularis*)等。

(2)偏干性常绿阔叶林带:分布于海拔 1000~1200m,是干热河谷植被与地带性植被之间的过渡类型,以毛叶青冈(*Cyclobalanopsis kerrii*)林为标志,多为疏林状,叶多厚革质,具有耐旱热的生态特征。林下灌木有余甘子、虾子花,草本层以黄茅占优势,其余为零星分布。

(3)半湿性常绿阔叶林、云南松林带:分布于海拔 1200~2400m。半湿性常绿阔叶林多已被人为破坏,次生植被以云南松、旱冬瓜林为主。林中有一定数量的华南石栎/泥柯(*Lithocarpus fenestratus*)。

(4)中山湿性常绿阔叶林:分布于海拔 2200~2800m 的山体中上部。植被以疏齿栲/疏齿锥(*Castanopsis remotidenticulata*)林及倒卵叶石栎/硬叶柯(*Lithocarpus crassifolius*)林为主,乔木层以石栎属、栲属、木荷属、润楠属、木莲属植物为主,灌木层以箭竹(*Fargesia spathacea*)层片为标志,草本层多蕨类植物。

(5)常绿阔叶苔藓矮林:分布于海拔 2800~3000m 的山体上部。植物群落以耐寒常绿革叶的杜鹃花科植物为主,卫矛属、冬青属、山矾属、茵芋属、荚蒾属、八角属及落叶的槭属、桤叶树属、花楸属、绣球花属、茶藨子属植物也常见。苔藓层的存在是其特点。乔木层高在 10m 以下,树干弯曲、丛生、密布苔藓及其他附生植物。主要有石栎苔藓矮林和杜鹃苔藓矮林。

(6)山顶杜鹃灌丛或灌丛草甸:分布在常绿阔叶苔藓矮林带上部近山顶处。主要建群种为较耐寒的中旱生常绿革叶灌丛,部分平缓积水处可能出现草甸。灌木层以火红杜鹃

(*Rhododendron neriiflorum*)占绝对优势，灌木下层分布有较多数量的地檀香(*Gaultheria forrestii*)。

3. 土壤垂直分布

哀牢山—元江河谷的地质构造复杂，成土母质多样，河谷区为第四纪洪积冲积物和近代河流冲积物，大面积山区广泛出露片岩、花岗片麻岩、千枚岩和石英片岩等成土母岩。依据土壤发生分类体系，哀牢山—元江河谷基带处于南亚热带赤红壤地带。但由于元江河谷的深切作用，谷地焚风作用明显，河谷气候干热，在河谷下部发育为热带稀树草原植被下的燥红土(邹国础，1965)。由低海拔干热河谷到高海拔山峰顶部依次出现有：北热带干热河谷燥红土带、南亚热带丘陵赤红壤带、中亚热带低山红/黄壤带及北亚热带中山黄棕壤带(汪汇海等，2004)和山顶的山地草甸土等类型。对应的土壤系统分类体系的土壤类型依次为：简育湿润富铁土、简育湿润铁铝土、简育湿润富铁土、富铝常湿富铁土、铁质湿润淋溶土和简育湿润均腐土。

(1)北温带干热河谷燥红土带：海拔1000m以下干热河谷地区为燥红土带，系土壤垂直分布带中海拔最低的基带土壤。受生物、气候等成土因素的影响，土壤长期处于氧化状态，有机质含量低，土层浅薄、土体紧实，土壤有机质含量较低，并随剖面深度加深而明显减少。

(2)南亚热带丘陵赤红壤带：海拔1000~1300m的山体为赤红壤带，土壤有机质含量及阳离子代换量均较燥红土稍高，赤红壤的自然植被覆盖率比燥红土较好。

(3)中亚热带低山红/黄壤带：海拔1300~2200m的山体上为红黄壤带，山地红壤通体呈酸性，上层微酸性，土壤中有效磷含量极低。海拔略高，阴湿的地段则为山地黄壤。

(4)北亚热带中山黄棕壤带：海拔2200~2600m以上的高海拔山体上为黄棕壤带。该海拔段自然植被茂密，可以形成深厚的枯枝落叶层，同时气候潮湿，有机质分解速度较慢，土壤表层的有机质含量高，下部为亮棕色的黏化层，土层总体不算深厚。

(5)山顶山地草甸土带：海拔2600~2800m以上的山体顶部，是垂直分布带中的最高土壤带。由于地处山顶，寒冷风大，限制了森林植被的生长，分布着山地灌丛草甸或者山地草甸植被。同时往往也由于局部地形的原因，加之底部岩石的透水性差，冬天积雪融化后，形成季节性淹积水，从而发育山地草甸土。山地草甸土为半水成土壤，土壤湿度大，加之气候寒凉，有机质分解速度缓慢，有利于有机质的积累，容易形成深厚的腐殖质层，其表层土壤有机质含量很高。

总之，哀牢山—元江河谷山地土壤类型的基本性状特征，由高海拔至低海拔，呈现出明显的垂直分异规律(图6.1)：土壤有机质含量，随海拔由高到低而逐渐下降，其下降速度随海拔降低而变缓，厚度也随海拔变低而变浅变薄。土壤全氮含量与土壤有机质含量也随海拔由高到低，不仅半分解植物残体的累积由多变少，而且土壤湿度也由潮湿变干燥，这样使有机质矿化过程又逐渐增强；土壤阳离子代换量随海拔由高到低而呈下降趋势，但其相关程度随海拔降低而变小，这是由于在高海拔山区土壤上，它主要受土壤有机质含量的影响，而到低海拔土壤时，主要是受土壤质地的影响。

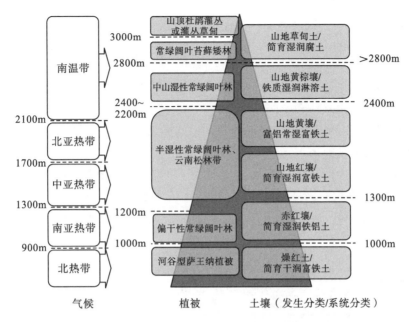

图 6.1　哀牢山东坡—元江河谷的垂直带分异示意图

6.2　植物群落调查与分析

　　植物群落作为不同植物在长期环境变化中相互作用、相互适应而形成的组合，承载着为动植物提供食物来源和栖息地，以及为人类提供物质资源和维系生态系统健康等重要功能。自然地理学实习中植物群落调查的目的，主要是借助植物群落这一载体，更好地认知植被形成及分布与区域地理环境之间的相互关系和相互作用过程。因此，植物群落调查重点是掌握植物群落的整体状况（包括群落类型及其物种组成、结构、分布和动态等），分析群落与环境的相互关系，了解群落优势种的生态属性等，并对群落现状和发展趋势进行评估。从而为生物多样性利用和保护、土地利用状况监测、生态系统管理、区域发展规划等提供基础资料。

6.2.1　植物群落调查方法

　　结合综合自然地理实习的目的和需求，采用的植物群落调查方法主要参考《植物群落清查的主要内容、方法和技术规范》（方精云等，2009）。

1. 样地选择与样方设置

　　群落调查前首先要选择出有代表性的样地，即群落调查的所在地，在空间上它包含样方，一般没有特定的面积。样地选择有多种方法。常用的方法有随机取样法、典型样地法、系统取样法和无样地取样法。由于具体的植物群落，有其基本的物种组成和层次结构，调查中不可能涉及群落的每个角落，同时实地环境条件(特别是山地地形)往往无法满足随机取样的统计学要求，所以通常使用典型样地来进行植物群落调查。

一个样地是否属于植物群落的典型代表，要从物种、结构和生境三个方面来考虑。①样地应包括了群落的大部分物种。②样地应该设置在能够反映该群落生境基本特征的地方，不要把样地设在两种或多种生境中。③人为影响相对一致性。

样方指群落调查所要实施的特定地段，有特定的面积。在样方选择时应注意：①群落内部的物种组成、群落结构和生境相对均匀；②群落面积足够，使样方四周能够有 10～20m 及以上的缓冲区；③除依赖于特定生境的群落外，一般选择平地或缓坡上相对均一的坡面，避免坡顶或复杂地形。

在植物群落调查中确定样方大小，主要是为了能够在样地中就能找到组成该群落的绝大部分植物种类。而从热带到极地或寒冷高原，植物群落的物种逐步减少，调查样方面积也应该呈逐步减少趋势。不同国家和学者建议使用的最小面积不同，中国学者建议的最小面积和在云南通常使用的样方面积见表 6.1。

表 6.1　植物群落调查的最小样方面积(喻庆国，2007)

植被类型	热带雨林	亚热带常绿阔叶林	阔叶林或针阔混交林	针叶林	灌丛	草丛
最小面积/m²	2500～4000	900～1200	200～400	200～400	100～200	1～40
云南通常使用的样方面积/m²	2500	1600	400	100	25～100	1～16

森林调查的样方一般为 600m²。为 20m×30m 的长方形。由 6 个(或 10 个)10m×10m 的小样方组成。以罗盘仪确定样方的四边，闭合误差应在 0.5m 以内。以测绳或塑料绳将样方划分为 10m×10m 的样格。其中还应调查 2～3 个 4m×4m 的灌木层样方和 4～5 个 1m×1m 的草本层样方。样方四边应各留有 10～20m 以上的缓冲区。

2. 植物群落调查与记录

群落调查需填写群落调查表,包括样方基本信息表(表 6.2)和群落调查记录表(表 6.3)(方精云等，2009)。由于乔木、灌木、草本的作用有巨大差异，调查和记录中应区别对待。

表 6.2　森林植物群落调查基本信息表(方精云等，2009)

样方编号			群落类型		样方面积	
调查地点						
纬度			地形	( )山地( )洼地( )丘陵( )平原( )高原		
经度			坡位	( )谷地( )下部( )中下部( )中部		
海拔				( )中上部( )山顶( )山脊		
坡向			森林起源	( )原始林( )次生林( )人工林		
坡度			干扰程度	( )无干扰( )轻微( )中度( )强度		
土壤类型			林龄		群落剖面图(可手绘素描或照片):	
垂直结构	层高/m	盖度/%	优势种			
乔木层						

续表

亚乔木层				
灌木层				
草本层				
调查人				
记录人		调查日期		

表 6.3　群落调查记录表（方精云等，2009）

乔木层调查表				调查人：		调查日期：		
小样方号	树种	株数	平均树高/m	平均胸径/cm	郁闭度/%	健康状况	备注

灌木层调查表			调查人：		调查日期：		
小样方号	树种	基径/cm	平均高/cm	盖度/%	株数/丛数	备注

草本层调查表		调查人：		调查日期：	
小样方号	物种	盖度/%	平均高度/cm	多度	备注

注：1. 调查灌木样方时，记录每丛（株）的种名、平均基径、平均高、株数。

　　2. 调查草本样方时，记录每个种的盖度、平均高、多度。按德氏多度等级记载多度：极多—soc，很多—cop3，多—cop2，尚多—cop1，不多—sp，稀少—sol，仅1株—un。

　　3. 出现在大样方、但是未出现在上述灌木层、草本层样方中的物种，仅记录其物种名。

1）样方环境因子调查

按照植物群落调查基本信息表逐项记录各环境信息。此外可以使用数码相机记录群落外貌、群落垂直结构、乔木层、灌木层、草本层和土壤剖面等。数码照片的分辨率应在300万像素以上。还可以借助一些便携式设备观测群落的小生境特征。如采用美国 Onset

公司的 HOBO 温湿度自动记录仪测定群落内的温湿度以及土壤的温湿度数据。

2) 主要的植物数量特征

(1) 植物物种名称：即植物在样方中出现与否的数据，0 代表未出现，1 代表出现。

(2) 盖度：植物地上部分垂直投影面积占样方面积的百分比，又称投影盖度。群落调查时记录每个物种的分种盖度，分种盖度之和可以超过 100%，但样方内任何一个物种的盖度都不会大于 100%。对森林群落而言，常用郁闭度来表示乔木层的盖度，它是指林冠覆盖面积与地表面积之比，林冠完全覆盖地面记为 1.0。一般来说，郁闭度不小于 0.70 的为密林，0.20～0.69 为中度郁闭，小于 0.20 为疏林。

(3) 多度：一种物种个体数量的目测估计指标，用于快速获得盖度，常采用的多度分级体系见表 6.4。如果测定了群落的盖度或密度，则可以不测定多度。

表 6.4　群落调查中的植物多度等级表（宋永昌，2001）

Drude 多度		Clements 多度		Braun-Blanquet 多度		盖度百分比/%	
符号	内容	符号	内容	符号	内容	符号	内容
soc	极多	D	优势	5	非常多	75～100	87.5
cop3	很多	A	丰盛	4	多	50～75	62.5
cop2	多	F	常见	3	较多	25～50	37.5
cop1	相当多			2	较少	5～25	15.0
sp	少	O	偶见				
sol	稀少	R	稀少	1	少	< 5	2.5
un	个别	Vr	极少	+	很少		0.1

(4) 胸径：胸高直径（简称胸径，用 DBH 表示），是森林群落调查中最重要、也最易测定的指标，常常被用来表示群落的大小，群落的胸高断面积和生物量用 DBH 来推算。一般来说，对于所有胸径不小于 3 cm 的树木个体，记录种名，测量其 1.3m 处胸径。对于生长不规则的树木，测定胸径时，应注意以下事项：①极为规则的树干，应主观确定最合适的测量点，并标记和记录测量高度；②总是从上坡方向测定；③对于倾斜或倒伏的个体，从下方进行测定；④如因分叉、粗大节、不规则肿大或萎缩不能直接测量胸径，应在合适位置测量；⑤胸高以下分枝的两个或两个以上茎干，可看作不同个体，分别进行测量；⑥对具板根的树木在板根上方正常处测定，并记录测量高度，倒伏树干上如有萌发条，只测量距根部 1.3 m 以内的枝条；⑦如树干表面附有藤蔓、绞杀植物和苔藓等，需去除后再测定（图 6.2）。植株基部直径则称为基径。

(5) 树高。树高指乔木个体的实际高度，是一种非常重要的群落生长因子，既体现乔木树种的生物学特性和该树种的生长能力，又是判别群落立地质量的指标，并指示森林生物量的高低。但树高的测定较为困难，尤其在高大郁闭的森林中很难测定。因此，实践上常常只测定部分个体的树高（一般可以以人体的高度作为参照物目测定树高），然后通过建立树高与胸径之间的相关生长关系，由胸径估算树高。

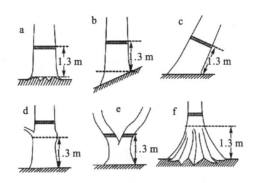

图 6.2　胸径测量位置的确定(方精云等，2009)

(6)健康状况：正常/折枝/倾斜/翻倒/濒死/枯立/枯倒。

(7)密度：指样方中的植物个体数量。对于森林而言，群落的乔木层植株密度也称林分密度。草本层的密度也可以通过测分种盖度来替代。

(8)生活型：指植物在渡过不利时期对恶劣条件的适应方式。Raunkiaer 较早提出生活型系统，主要包括表 6.5 中内容。

表 6.5　植物群落调查中的植物生活型

生活型类型	符号	特征
高位芽植物	Ph	芽或嫩枝离地面大于 25cm；乔木(T)，灌木(S)，草本(H)，藤本(L)
地上芽植物	Ch	芽离地面 20～30cm(草本或藤本)
地面芽植物	H	恶劣季节地上部分死亡，土壤和凋落物的保护使芽保存在地面(草本或藤本)
地下芽植物	G	恶劣季节芽埋藏在土下或水中(草本)
一年生植物	Th	仅靠种子渡过不良季节(草本或藤本)

(9)生物量：乔木层的生物量一般通过胸径换算。灌木层生物量测定，需收获一个灌木小样方的地上生物量、称取鲜重，并取样带回实验室烘干称重。草本层的调查记录完成后，选取两个小样方内收获 1m×1m 草本层地上生物量和地表枯落物、称取鲜重，并取样带回实验室烘干称重。

6.2.2　植被数据的分析与处理

1. 植物种类组成与生活型组成分析

1)植物种类组成分析

依据植物分类系统，整理调查植物物种名录，可对研究区植物科、属、种及其百分比进行统计分析，从而确定区域的植物科属组成特征和数量结构，排序区分优势科属。因为优势科属所包含的种数众多，在群落结构和群落环境中起着重要的作用，对于某个地区的植物区系有着极其重要的意义。在此基础上还可以进一步查阅资料，进行植物区系组成分析。

2) 植物生活型组成分析

植物的生活型不仅能反映研究区的自然地理和气候，还能说明本区的植物区系的特性，通过分析某一地区野生种子植物的生活型，在一定程度上可以体现该地区环境气候特性(王荷生，1992)。可按表 6.6 制作调查区域的植物生活型谱，并可对比不同垂直带的植物生活型谱的构成差异。

表 6.6　不同植被垂直带的植物群落生活型谱对比

	高位芽植物	地上芽植物	地面芽植物	地下芽植物	一年生植物
干热河谷稀树灌丛草地					
暖性常绿针叶林					
半湿润常绿阔叶林					
中山湿性常绿阔叶林					
山地灌丛草甸					

2. 植物物种多样性分析

1) 物种重要性的度量

植物群落由不同植物物种组成，一种植物在群落中的重要性如何，可由多个指标来量度。

(1) 重要值(IV)。用于比较不同群落间某一物种在群落中的重要性，它通过上述直接测度指标计算得到，并非直接测量。一般计算式为：IV(%)=(相对多度＋相对频度＋相对优势度)/3。其中，相对多度(%) = 100×某个种的株数/所有种的总株数；相对频度(%) = 100×某个种在统计样方中出现的次数/所有种出现的总次数；相对优势度(%) = 100×某个种的胸高断面积/所有种的胸高断面积。如在草本群落中，可用物种的平均高度替代优势度，或用相对盖度替代相对多度进行计算；在森林群落中，常常直接用乔木层的相对优势度(相对胸高断面积)来表示重要值。总之，在具体的研究中，需对重要值的计算进行定义。

(2) 综合优势比(SDR)。包括两因素、三因素、四因素和五因素等四类。常用的为两因素的综合优势比(SDR2)，即在相对密度、相对盖度、相对频度、相对高度和相对重量这五项指标中取任意两项求其平均值再乘以 100%，如 SDR2=(相对密度+相对盖度)/2×100%。

2) 群落物种多样性的度量

物种多样性是生物群落的重要特征，反映群落自身特征及其与环境之间的相互关系。物种多样性一般包括 α 多样性和 β 多样性。α 多样性表示群落中所含物种的多少，即物种丰富度，以及群落中各个种的相对密度，即物种均匀度。β 多样性则表示物种沿环境梯度所发生替代的程度或物种变化的速率。不同群落或某一环境梯度上不同样方之间的共有种越少，β 多样性越大；反之亦然。

野外实习建议使用如下物种多样性指标进行计算(表 6.7)。这些指数中，物种丰富度常用出现在样方内的物种数(S)表示。Sørensen 指数和 Jaccard 指数反映群落或样方间物种组成的相似性；Cody 指数则反映样方物种组成沿环境梯度的替代速率。

表 6.7　α 多样性和 β 多样性的主要测度指标

α 多样性		β 多样性	
Shannon-Wiener 指数	$H' = -\sum_{i=1}^{S} P_i \ln P_i$	Sørensen 指数	$\beta_{sor} = \dfrac{b+c}{2a+b+c}$
Simpson 指数（优势度指数）	$P = 1 - \sum_{i=1}^{S} P_i^2$	Jaccard 指数	$\beta_{jac} = \dfrac{b+c}{a+b+c}$
Pielou 指数（均匀度指数）	$E = H'/\ln S$	Cody 指数	$\beta_c = \dfrac{\left[g(H)+I(H)\right]}{2} = \dfrac{b+c}{2}$

注：式中 S 为出现在样方内的物种数，P_i 为种 i 的综合优势比（SDR）或重要值（IV）；a 为共有物种数，b 和 c 分别是两个群落各自特有的物种数，$g(H)$ 为沿生境梯度 H 增加的物种数，$I(H)$ 为沿生境梯度 H 失去的物种数。

3. 主要林木材积量和生物量的度量

磨盘山的云南松和华山松是两种经济林木，根据群落调查得到的胸径、树高等实测数据，可以采用针对不同树种构建的单株立木的一元生物量模型（张志华等，2011），或二元立木材积模型估算生物量（表 6.8）。单株立木地上生物量可将实测胸径代入模型直接计算，或依据实测胸径按内插法查表（表 6.9）。胸径径阶按 2 cm 整化，如 5.0～6.9 cm 为 6 径阶。树高 10m 以下按 1m 级距分级，如 2.5 ～3.4 m 为 3 树高阶；10m 以上按 2 m 级距分级，如 11.0～12.9 m 为 12 树高阶。但 9.5～10.9 m 为 10 树高阶（新平县林业志，2009）。

表 6.8　云南松和华山松的一元生物量模型和二元立木材积模型

种类	一元生物量模型	二元立木材积模型
云南松	$W = 0.0393 \times D^{2.73}$	$V = 0.00010729 \times D^{[1.95029-0.0047643 \times (D+H)]} \times H^{[0.63241+0.0075891 \times (D+H)]}$
华山松	$W = 0.19172 \times D^{2.18735}$	$V = 0.00011996 \times D^{[2.019601-0.0083683 \times (D+H)]} \times H^{[0.47225+0.012475 \times (D+H)]}$

注：W 为生物量（kg），V 为材积（m^3），D 为胸径（cm），H 为树高（m）。

表 6.9　单株立木地上胸径—材积对照推算表

云南松						华山松					
D/cm	V/m^3	D/cm	V/m^3	D/cm	V/m^3	D/cm	V/m^3	D/cm	V/m^3	D/cm	V/m^3
2	0.261	16	76.145	30	423.578	2	0.873	16	82.509	30	326.324
4	1.730	18	105.024	32	505.187	4	3.977	18	106.755	32	375.800
6	5.233	20	140.025	34	596.115	6	9.655	20	134.424	34	429.089
8	11.477	22	181.638	36	696.784	8	18.115	22	165.583	36	486.234
10	21.105	24	230.340	38	807.610	10	29.513	24	200.296	38	547.277
12	34.718	26	286.596	40	929.001	12	43.976	26	238.621	40	612.256
14	52.884	28	350.860	42	1061.361	14	61.610	28	280.614	42	681.211

注：V 为材积（m^3），D 为胸径（cm）。

6.3 土壤剖面调查与土壤样品采集

6.3.1 土壤剖面选择与设置

1. 土壤剖面点的选择

正确设置土壤剖面点,不仅能提高土壤调查速度,而且有利于对土壤分类、土壤特性做出正确的判断,从而提高土壤调查的质量。原则上每种土壤类型在调查路线上至少要有一个剖面点。

主要土壤剖面点的选定,具体位置应设于具有代表性的地形剖面上,即在地面平坦、无强烈侵蚀、无强烈堆积、排水良好、土壤湿度正常的标准地段设置土坑。若在地势、植被、母质呈相应变化的地区,还应按照地形不同部位分别设置剖面;山区应按海拔、坡向、坡度、坡形、植被类型分别设置主要剖面;在农耕区应按不同的耕作方式分别设置主要剖面;农、林、牧交错地区,应按土地利用的不同方式分别设置剖面。主要剖面点的具体位置,还应避开公路、铁路、坟地、村镇、水利工程、池塘等受人为干扰活动影响较大的特殊地段,以使所设主要剖面点真正成为具有当地代表性、典型性的土壤剖面。

2. 土壤剖面的设置

挖掘土壤剖面时,首先在已选好点的地面上画一个长方形,其大小结合不同地区的不同土壤,应有不同的规格。对于山地土壤层较薄者,只需要挖掘到母岩或母质层即可;对于耕作土壤,规格可以小些,一般长 1.5m、宽 0.8m、深度 1m 即可。挖掘土坑时应注意将观察面留在向阳面。观察面要垂直于地平面,土坑的另一端挖掘成阶梯状,以供剖面观察者上下土坑使用。挖掘的土应堆放在土坑两侧,而不应堆放在观察面上方的地面,同时不允许踩踏观察面上的地面,以免扰乱、破坏土壤剖面土层的形态(图 6.3)。

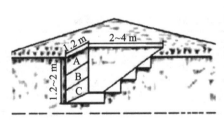

图 6.3 土壤剖面的设置示意图①

6.3.2 土壤剖面的观测与记录

1. 土壤剖面发生层次的观测与划分

土壤发生层次及其排列组合特征(或剖面构型)是长期而相对稳定的成土作用的产物。

---

① https://club.lenovo.com.cn/thread-4185417-1-1.html.

由于各类土壤的成土条件、成土过程的差异，土壤发生层次及其剖面构型亦不相同。它是鉴别和划分土壤类型的重要形态特征之一。主要的土壤发生层，以大写字母 O、A、E、B、C 和 R 表示。按照土壤剖面观察记录表(表 6.10)填写土壤剖面的相关特征。

表 6.10　土壤剖面观察记录表

调查人：_____　　调查时间：_____ / ___ / ___　天气情况：_____

调查地点：_____

剖面编号		土壤名称		植被类型	
海拔(m)		纬度		经度	
坡度(°)		坡向		地形部位	
地下水位(m)		侵蚀情况		土地利用现状	
成土母质	残积物( )　　坡积物( )　　冲积物( )　　洪积物( )　　湖积物( ) 滨海沉积物( )　风积物( )　黄土( )　　冰碛物( )				

土壤特征及周围环境状况描述：

剖面示意图		发生层	颜色	质地	结构	松紧度	干湿度	孔隙度	根系	砾石状况	新生体	侵入体	石灰反应
	cm												
	cm												
	cm												
	cm												
	cm												
	cm												

(1)枯枝落叶层(O 层)。由地面上枯枝落叶堆积而成，其中可分为未分解的(A_0)和半分解的(A)两个亚层。在沼泽中长期水分饱和的情况下，湿生性植物残体在表面累积形成一种特殊的有机物质层，称为泥炭层(H 层)。

(2)腐殖质层(A 层)。这是剖面中成土作用最活跃的一层。由于生物地球化学的作用，土壤有机质经腐烂、分解后再合成腐殖质。它在表土中进行明显的积累，并与矿物质相结合，形成颜色较深、常有团粒状结构和富含养分的腐殖质层(A_1)。

(3)淋溶层(E 层)。由于水分的下渗作用，亦使水溶性物质往下层转移，产生所谓的淋溶过程。在淋溶作用特别强烈的土壤中，不仅易溶性物质从此层中淋失，而且难溶性物质如铁、铝及黏粒等也发生化学的和机械的迁移，结果在这层的下段只留下难移动的抗风化最强的矿物颗粒，如石英砂等，因而成为颜色浅淡(常为灰白色)、颗粒较粗、养分贫乏的灰化亚层(A_2 或 E)，这在灰化土中最典型。

(4)淀积层(B 层)。位于表土层与底土层之间，主要特点是淀积着上层淋洗下来的物质，使质地偏黏、土体较紧实，具块状或棱柱状等结构，常出现新生体，颜色与 A 层也有明显差别。

(5)母质层(C 层)。位于淋溶、淀积层之下，由未受成土作用影响或影响甚微的风化残积物或堆积物所组成，是形成土壤的母体或基础。

(6)母岩层(R 层)。位于其他土壤发生层之下的坚硬的未风化的岩石层。

在具体剖面中，除划分上述基本层次外，还可以再分出一些其他层次，如过渡层(AB)，第一个字母表明这个过渡土层的性状更像该字母所代表的主要发生土层的性状。土层划分后，采用连续读数，用钢卷尺从地表往下量取各层深度，单位为厘米，将量得的深度计入土壤剖面记录表。最后将土体构形画成剖面形态示意图。

2. 土壤的基本形态特征

土壤的形态特征是指土壤和土壤剖面所显示的各个土层的外表性状。例如，土壤颜色、质地、结构、紧实度、孔隙度和剖面构造等。这些形态特征是土壤内在属性的反映，并与土壤形成过程密切相关。由于各种土壤具有不同的稳定而典型的外表特征，故可为土壤的野外鉴定、土壤诊断和分类提供依据。

(1)土壤颜色。是最明显、最直观的土壤形态特征。许多土壤类型以其颜色来命名，如红壤、黄壤、棕壤、黑钙土等。土壤颜色与土壤的理化性质密切相关(表6.11)。例如，土壤富含腐殖质时呈黑色，含量较少时呈灰色；土壤中积聚有较多的高价氧化铁时常呈红色、棕色或锈色；含二氧化硅、碳酸钙、氢氧化铝等较多时，颜色变浅，常呈白色；当土壤积水处于还原状态时，因含大量亚铁化合物，便呈灰绿或蓝灰色。

(2)土壤质地(机械组成)。土壤质地是指土壤颗粒的大小及其组合情况。它们对土壤的理化性质有很大影响。土壤质地的野外鉴别方法见表6.12。

(3)土壤结构。土壤中的固体颗粒往往不是以单粒状态存在，而是形成大小不同、形状各异的团聚体。土壤中各种团聚体的结合状况称为土壤的结构。土壤结构的好坏，对土壤肥力的变化、微生物的活动和耕作性能等都有很大影响。不同的土壤与剖面层次，其结构特点也各不相同(表6.13)。单粒组成的称为无结构或单粒结构。

表 6.11　土壤颜色的来源和存在的土层

代号	名称	成分	存在的土层	相近的颜色
1	黑	腐殖质、碳	黑土、黑钙土、草甸土、潜育土的 A 层	灰黑、暗灰
2	灰	1+3	灰色森林土、白浆土的表层	浅灰色、淡灰色
3	白	高岭土、SiO_2、$CaCO_3$	白浆层、灰化层、脱碱层、钙积层	灰白
4	黄	含水氧化铁	黄壤、黄土性物质和许多土壤的 B 层	浅黄
5	红	氧化铁	红壤 B 层	橙红、红棕
6	栗	1+5	栗土及褐色土各层	褐色
7	棕	1+4+5	棕壤的 B 层	黄棕
8	灰棕	2+7	灰色森林土、棕壤及栗土冲积土表层	棕灰
9	暗棕	1+7	棕壤、黑钙土及生草灰化土表层	棕黑
10	青灰	Fe^{3+}	沼泽土、草甸土、水稻土、潜育层	灰绿、灰色

注："成分"一列中，"1+3"表示为代号 1 和代号 3 成分的混合。余同。

表 6.12　土壤质地的野外鉴别方法

质地	质地特征		
	搓片法	搓条法	干试
砂土	不能成片	不能形成细条	不成土块
砂壤土	勉强可成薄而极短的片状	开始有不完整的细条	轻压即碎
轻壤土	可成不超过 1cm 的短片	揉搓时细条裂开	火柴可压断
中壤土	可成较长的薄片，片面平整，但无反光	细条完整，但卷成环时裂开	较难压碎
重壤土	可成较长的薄片，片面平整，有弱的反光	细条完整，但卷成环时有裂痕	很难压缩
黏土	可成较长的薄片，有强的反光	细条完整，环是坚固的	极难压缩

表 6.13　常见土壤结构性状表

类别	结构特征	农业性状	备注
粒状	近圆形，表面较光滑	良好	耕层和黑土层
团块状	较大、近圆形，表面粗糙	良好	耕层和黑土层
核状	棱角明显、近方形表面，有光泽	坚实、扎不下根	淀积层
片状	水平分布如片	通透性差	白浆层、脱硅层
鳞片状	成片，但不呈水平	不良	犁底层
块状	近方形土块	难出苗	耕层结构破坏及碱化层
柱状	直立如柱、棱角不明显	极不良	碱土
棱柱状	直立如柱、棱角明显	—	—

(4)土壤松紧度。土壤松紧度(硬度、坚实度)表示土体的紧实或疏松的程度，它与土壤结构、孔隙和干湿状况密切相关。土壤松紧度对植物根系的伸展和土壤的耕作性能有很大影响。土壤硬度指土壤抵抗外压的能力，也叫抗压强度(kg/m^2)。土壤硬度可用专门的土壤硬度计来测试。在没有仪器的情况下，可通过小刀插入土壤中的程度判断土壤松紧度。①松散：很容易地将小刀插入土体深处，土壤干时完全松散，土粒互不黏结，轻压即散。②疏松：结构间多为裂隙和孔隙，稍用力可使小刀插入较深的土层。③稍紧：颗粒结合得不太紧，用不很大的力量，小刀即可插入较深的土层。④紧实：干时呈坚硬的土块，很难捏碎，湿时，用较大的力才能将小刀插入土体。⑤坚实：干时呈大土块，极坚硬，用手很难掰开，湿时，用大力也难将小刀插入土体。

(1)土壤干湿度。反映土壤中含水量的多少。这取决于地表水和地下水以及土壤本身的性质和外界条件等的影响。在野外直观判定时，土壤干湿度通常分为四级：①湿：用手挤压时，水可从土壤中流出，土壤水分过饱和。②潮：放在纸上可留下湿痕，可搓成土球或土条，含水量50%以上。③润：放在手上有凉润感，用手压之稍留印痕。④干：放在手上无凉快感，粒粒成为硬块。

(6)土壤孔隙。指土壤结构体内部或土壤单粒之间的空隙，可根据土体中孔隙大小及多少来表示(表6.14)。

(7)植物根系。指出现于土层中的植物根及其特点、数量和分布(表6.15)。

（8）砾石状况。反映土层中砾石含量的多少。少砾质即砾石含量 1%～5%；中砾质即砾石含量 5%～10%；多砾质即砾石含量 10%～30%。砾石含量在 30%以上的土壤属砾石土，则不再记载细粒部分质地名称而以轻重相区别，如轻砾石土即砾石含量 30%～50%；中砾石土即砾石含量 50%～70%；重砾石土即砾石含量大于 70%。

（9）石灰反应：含有碳酸钙的土壤，用 10%盐酸滴在土面上就产生泡沫，称为石灰反应，根据泡沫产生的强弱记载石灰反应程度（表 6.16）。

（10）土壤新生体和土壤侵入体。土壤新生体是在土壤形成过程中产生的某些物质的特殊积聚。如，碳酸盐类的结核体和假菌丝体；铁锰化合物的锈斑，胶膜和结核体；盐霜和盐结皮；石膏核；次生二氧化硅粉末；腐殖质漏痕等。新生体反映了成土过程和土壤性质在某方面的典型特点。土壤侵入体是与成土过程无关的外来混入物，如贝壳、骨骼、煤屑、瓦片等。

表 6.14　土壤孔隙分级

孔隙分级	细小孔隙	小孔隙	海绵状孔隙	蜂窝状孔隙	网眼状孔隙
孔径大小/mm	<1	1～3	3～5	5～10	>10

表 6.15　土层中植物根的等级

根的多少		根的粗细	
等级	说明	等级	说明
很多	土层内根密集成网状、交织得很紧	极粗	根的直径大于 10mm
多	根很多，但不成根的交织	粗	根的直径 3～10mm
少	土层内只有较少的根	细	根的直径 0.6～3mm
极少	土层内有个别的留根	极细	根的直径小于 0.6mm

注：记录时注意分辨根的性质（禾本科、肉质、纤维质、根茎）、根的形状（自由生长、扭曲的）、死根和活根、老根和幼根、根的强弱等。

表 6.16　石灰反应（碳酸盐反应）级别

碳酸盐含量/%	可听到	可见到	级别
<0.1	无	无	无
0.5	模糊极弱的声音	无	极弱
1.0	声音弱不很清楚	刚刚见到极弱的气泡反应	弱
2.0	明显地听到声音	弱气泡反应	中
5.0	容易听到声响	易见到气泡反应，泡沫高达 3mm	强
10.0	容易听到声响	泡沫高达 7mm	极强

6.3.3　土壤样品采集与处理

除了实地观察土壤剖面形态外，往往还需要采集土壤进行样品分析，以便获取各项理化指标。土样的采集量，是根据研究的目的和要求决定的，一般不应少于 1kg。由于土壤的差异性很大,要使分析结果能正确反映土壤的特性,在很大程度上取决于采样的代表性,即选择有代表性的地点和土壤层次。

1. 土样采集方法

根据研究目的的不同,常用的土壤采集方法主要有以下几种类型。

(1)原状土壤样品的采集。原状土样的采集,主要是为了测定土壤的某些物理性质,如土壤容重和孔隙的测定,可用环刀在各土层中取样,采样时必须注意土壤湿度不宜过干或过湿。采集和携带的样品,土块不应受挤压而变形,为此通常将样品放于铝盒中,带回室内进行处理。

(2)混合样品采集。一般用于田间采样。由于土壤本身存在着空间分布的不均一性,因此应以地块为单位,多点取样,再混合成一个混合样品,这样才能更好地代表取样区域的土壤性状。采样方法一般有以下几种。①对角线采样法:适宜于污水灌溉地块,在对角线各等分中央点采样。②梅花形采样法:适宜于面积不大、地形平坦、土壤均匀的地块。③棋盘式采样法:适宜于中等面积、地势平坦、地形基本完整、土壤不太均匀的地块。④蛇形采样法:适宜于面积较小、地形不太平坦、土壤不够均匀,须取采样点较多的地块。深度视采样目的而定,一般采耕层 0~20cm。取混合样 1~2kg。如数量太多可用四分法将多余土壤弃去。将所采土样装入布袋或聚乙烯塑料袋,内外均应附标签,标明采样编号、名称、采样深度、采样地点、日期、采集人。用作化学分析(重金属分析除外)的土壤样品可用土钻采样,用作容量测定的土壤样品,应用环刀法采样。

(3)土壤剖面样品采集。是为了了解土壤发生、发育的化学过程和理化性质。一般按发生层次采样,对于每一种土壤类型,至少取三个重复剖面,各重复剖面的同一层次样品不得混合。土壤剖面样品的采集一般是从每层中间部分采取,若土层过厚,可在该层的上部或下部各取两个样品,样品一般不应少于 0.5~1kg。若含较多石块或侵入体时,应采样2kg 以上,取样时先从剖面下部层次开始,取出的土样分层分别装入布袋内,并填好标签一起带回室内。

2. 土样处理方法

野外采回来的土壤样品,还需要经过一系列的处理,才能用于各项分析。土壤样品的处理包括风干、去杂、磨细、过筛、混匀、装瓶保存和登记等操作过程。

(1)土样风干和去杂。采回的土样,除特殊要求鲜样外,一般要及时风干。其方法是将土壤样品放在阴凉干燥通风、无特殊的气体、无灰尘污染的室内,把样品弄碎后平铺在干净的牛皮纸上,摊成薄薄的一层,并且经常翻动,加速干燥。切忌阳光直接暴晒或烘烤。在土样稍干后,要将大土块捏碎,以免结成硬块后难以磨细。样品风干后,应拣出枯枝落叶、植物根、残茬、虫体以及土壤中的铁锰结核、石灰结核或石子等,若石子过多,将其拣出并称重,记下所占的百分数。

(2)土样磨细、过筛和保存。进行物理分析时,取风干土样 100~200g,放在牛皮纸上,用木块碾碎,通过 1mm 的筛子筛分后,留在筛上的土块再倒在牛皮纸上重新碾磨。如此反复多次,直到全部通过为止。不得抛弃或遗漏,但石砾切勿压碎。筛子上的石砾应拣出称重并保存，以备石砾称重计算之用。同时将过筛的土样称重，以计算石砾质量百分数，然后将过筛后的土壤样品充分混合均匀后盛于广口瓶中，作为土壤颗粒分析以及其他物理性质测定之用。进行化学分析时，取风干好的土样用以上方法将其研碎。用以测定速效性养分、pH 等指标的土壤样品，需小于 1mm 孔径；测定全磷、全氮和有机质含量的土样，需通过 0.25mm 孔径；测定全钾的样品，则需通过 0.149mm 孔径的土筛。

研磨过筛后的土壤样品混匀后，装入广口瓶中。瓶子应贴上标签，并注明其样号、土类名称、采样地点、采样深度、采样日期、筛孔径、采集人等。一般样品在广口瓶内可保存半年至一年。瓶内的样品应保存在样品架上，尽量避免日光、高温、潮湿或酸碱气体等的影响，否则会影响分析结果的准确性。

6.4　山地植被、土壤的垂直分布规律观察

山地植被和土壤垂直带分布是山地垂直地带性分异规律的体现。影响山地植被、土壤垂直带谱的因素有：①山体所处的经度和纬度位置，即山体所在水平带的气候特征（所处温度带与干湿地区）。②山体自身特征（如山体相对高度与绝对高度、坡向、山脉排列形式等）的影响。山地垂直带谱虽然与水平带的递变规律非常相似，但垂直带遵循自身的发育规律，并非纬度地带的缩影。垂直带的温度随高度递减不是因太阳光线入射角的变化而导致太阳辐射量和气温的降低，而是因长波辐射的热辐射随高度而迅速加强而导致辐射平衡和气温的下降。垂直带随着高度的增加，因大气厚度、密度及尘埃和水分减少，太阳辐射和光照反而增强。所以高山与高纬地区的植物生长的限制因子是有所不同的。垂直带的温度梯度变化比纬度水平变化大一百倍左右。在高差几千米之内便可出现从热带至极地的极大变化。

我国东部湿润区、半湿润区山地植被垂直带谱有以下规律。

(1) 各垂直带都是以各类森林占优势，仅在山顶或接近山顶处出现灌丛、草甸带。各基带都分别反映着山体所在的水平带的森林类型。但受焚风作用的元江河谷中的干热河谷旱生植被是例外。云南的金沙江河谷、澜沧江河谷地区也有干热河谷植被的存在。

(2) 各山地的垂直带谱，自下而上大体相当于由其所在的温度带向高纬度方向排列的水平地带的缩影，在垂直带谱中相同森林类型所处的海拔由北向南升高。

(3) 各温度带的山地垂直带谱中，都有该水平带特有的植被类型。如亚热带及以南各山顶通常只出现山地灌丛草甸，而寒温带和温带的山体顶部可以出现矮灌木苔原。中山针阔混交林在温带为针叶-落叶阔叶树混交林，而在亚热带还混生有常绿阔叶树。

(4) 同一温度带内，由于干湿状况的差别，我国东西部亚热带山地植被与土壤垂直带也有所差别。如西部亚高山有大陆性的落叶松林，东部则没有。我国西部亚热带山地的阴坡和阳坡的植被、土壤类型差别很大，而东部的亚热带这种差别不太明显。再者，西南纵向岭谷地区，由于山脉水系走向与海洋湿润水汽输送方向相垂直，迎风坡与背风坡的植被与土壤类型差别很大，东部则很少见到这种差异。

通过观察和记录植被与土壤沿着海拔变化的现象，可以更好地认识这种垂直地带性形成和变化的规律（表 6.17）。

表 6.17　植物群落与土壤类型的垂直地带性分布规律调查记录表

调查人：_____　日期：_____/_____/_____

海拔	m	m	m	m	m	m
植被类型						
群落名称						
优势种　乔						
灌						
草						
坡向						
坡度						
土壤类型						
人为干扰						
其他/备注						

6.5　实习内容

6.5.1　实习目的与要求

1. 实习目的

认识磨盘山不同生境的代表、标志植物和典型或重要的经济植物及其组成、结构、分布规律。掌握植物地理野外调查的基本方法，学会或巩固植物群落野外调查的样地技术。通过对植物立地条件的观察，进一步了解植物、植物群落与环境条件的相互关系，验证和巩固课堂学习的理论知识。

通过典型区域地质现象和土壤考察，了解野外各地质作用现象、地形地貌、成土母质、土壤形成因素和分布规律；掌握土壤剖面描述和土壤样品采集方法；了解土壤形成条件、特性和土壤利用状况；分析土壤农业生产和土壤改良与合理利用方法等。通过野外实习加深所学基础理论知识的理解，学习和掌握地质学和土壤学野外调查研究方法。学会土壤剖面的选位、开挖、观察记录，认识几种常见土壤类型。结合实际，应用和验证课堂教学所学的理论和知识，加深和巩固对教材内容的理解；另一方面，学习常规土壤调查和制图的基本技能和方法。

了解实习区域典型土壤类型红壤和黄壤的分布、性质和利用；了解黄壤形成的气候条件与环境，黄壤的剖面特点、成土过程和森林利用；了解森林生态系统对土壤剖面构型和土壤属性的影响；通过磨盘山不同海拔森林生态系统与土壤类型的变化，了解矿物、岩石风化特征及亚热带地区的土壤垂直地带性分布规律；了解森林土壤的有机质、颜色、水分等典型土壤特性的形成规律。

2. 实习要求

做垂直带植被样方调查,学会调查相关生境特征,勾画土壤剖面草图。计算各物种的重要值和植物群落的物种多样性指标,研究植被、土壤随海拔的变化规律,绘制磨盘山北坡的植被、土壤垂直带谱。

6.5.2 实习路线及主要知识点

实习区为山地,故要遵循垂直于等高线的原则,以便通过选定路线上的各种景观类型观察到更多的植被,建立植被、土壤垂直带的概念。在磨盘山植被和土壤垂直分布实习中,观察植物群落的外貌,认识常见的植物,了解植物的形态特征和生态环境条件。由于自下而上水热条件、土层厚度、土壤质地、土壤水分等生境条件的明显变化,导致植物群落、植物优势种的相应变化。注意观察比较其特征差异,并开展植物群落调查。同时选取红壤、山地黄壤、山地黄棕壤、山地灌丛草甸土等土壤类型进行土壤剖面的制作和土壤发生层次的识别与观察。

主要的日程安排为:①从元江县城出发,沿途观察植被、土壤从元江干热河谷(海拔380m)到新平县城(海拔1250m)的变化;②磨盘山森林公园内,从山麓(1260m)到山顶(海拔2614m)进行土壤、植物地理实习,着重介绍新平的主要植被类型及其生态学特点,重点观测红壤、黄壤、黄棕壤、山地草甸土的剖面性状特征(表6.18)。

表 6.18   磨盘山实习路线及主要知识点

实习路线	实习知识点
磨盘山山麓—小瓜寨—丫口—小马塘	次生植被云南松林和旱冬瓜林的植物群落调查; 红壤或黄壤,以及石质初育土的土壤剖面制作观察
小马塘—磨盘山管理所—磨盘山国家级森林公园景区大门	原生亚热带中山湿性常绿阔叶林和华山松林的群落学特征观察; 山地黄壤的土壤剖面观察和记录
磨盘山国家级森林公园景区大门—天池碑—月亮湖—山顶观景台	山地苔藓杜鹃矮林和山地灌丛草甸的植物群落特征观察; 山地黄棕壤和山地灌丛草甸土的土壤剖面观察和记录

详细线路及实习安排如下。

(1)磨盘山山麓—小瓜寨—丫口—小马塘。

观察云南松林、旱冬瓜林群落,学习植物群落调查的基本方法,进行植物群落样方调查和群落特征观察,并做红壤或黄壤,以及石质初育土土壤剖面调查。主要考察点位置:23°59′41.63″N,101°56′58.09″E。可做4~6个10m×10m的乔木样方、4~6个4m×4m的灌木样方,5~10个1m×1m的草本样方。除记录植被信息外,也包含群落环境信息的调查。学习植物群落建群种和优势种的野外识别方法,以及野外土壤剖面制作及土壤发生层次观察方法。

(2)小马塘—磨盘山管理所—磨盘山国家级森林公园景区大门。

沿途观察华山松林、旱冬瓜林和原生常绿阔叶林的群落学特征,关注群落外貌、建群种和优势种，以及层间植物组成、乔木层植株长势、叶片形态等特征，结合高度表认识群落特征随海拔的变化规律，进行植物群落的无样方调查。开展山地黄壤的土壤剖面调查。

(3)磨盘山国家级森林公园景区大门—天池碑—月亮湖—山顶观景台。

沿途重点观察以壳斗科、山茶科、樟科等组成的山地苔藓杜鹃矮曲林，以及山地次生草甸。注意典型植物，如木荷、油杉、云南松、华山松、厚皮香、元江栲、高山栲等植物与低海拔地区的形态特征差异。可做 1~2 个 1m×1m 的草本样方。除记录植被信息外，也包含群落环境信息的调查，学习植物群落建群种和优势种的野外识别方法。做山地黄棕壤、山地灌丛草甸土的土壤剖面调查，学习野外土壤剖面制作及土壤发生层次观察方法。主要考察点位置：黄棕壤，23°56′25.35″N，101°59′16.76″E，海拔 2485m，山地草甸土，23°56′21″N，101°59′23″E。同时可做成土母岩、母质的野外识别与观察。

实习作业与思考题

(1)典型群落植物物种多样性的计算与分析。计算所调查样方的乔木、灌木、草本层的 α 多样性和 β 多样性，并进行对比分析。

(2)云南松、华山松林材积量的估算。利用乔木样方的调查数据，计算磨盘山每公顷云南松或华山松林的木材产量，即材积量和生物量。

(3)绘制磨盘山典型土壤剖面图。根据磨盘山垂直带中红壤、黄壤、黄棕壤、山地草甸土等土壤剖面发生层次的观察记录，整理、绘制磨盘山典型土壤的剖面图。

(4)调查磨盘山植被垂直分布情况：

① 说明磨盘山主要植被类型的海拔分布范围，以及各个植被类型所包含的主要群落类型，绘制植被分布的山地垂直带谱；

② 分析不同类型植物群落与环境条件之间的关系；

③ 比较分析不同海拔的相近物种在物候期、生长高度、季相上的差异，分析山地植物的主要生态适应特征及其成因；

④ 比较不同海拔植物群落种类组成及植物生长上的差异，并分析其主要影响因子或限制因子。

(5)总结磨盘山土壤垂直分布规律。根据野外调查与观察记录，总结归纳磨盘山的土壤垂直分布规律，并绘制磨盘山北坡的土壤垂直带谱。

主要参考文献

哀牢山自然保护区综合考察团. 1988. 哀牢山自然保护区综合考察报告集[M]. 昆明: 云南民族出版社.

贝荣塔, 罗云云, 陆梅. 2009. 元江自然保护区土壤与保护[J]. 广西林业科学, 38(2):87-91.

方精云, 王襄平, 沈泽昊, 等. 2009. 植物群落清查的主要内容、方法和技术规范[J]. 生物多样性, 17(6): 533-548.

冯彦, 李运刚. 2010. 哀牢山—元江河谷对区域地理分异的影响[J]. 地理学报, 65(5): 595-604.

郝汉舟. 2013. 土壤地理学与生物地理学实习实践教程[M]. 成都: 西南交通大学出版社.

侯芳, 王克勤, 宋娅丽, 等.2018. 滇中亚高山典型森林生态系统碳储量及其分配特征[J]. 生态环境学报, 27(10): 1825-1835.

金振洲.2002. 滇川干热河谷与干暖河谷植物区系特征[M] . 昆明: 云南科技出版社.

李海涛, 杜凡, 王娟.2008. 云南省元江自然保护区种子植物区系研究[J]. 热带亚热带植物学报, 16(5): 446-451.

李乡旺, 庞金虎, 范家瑞, 等.1987. 云南哀牢山主峰地段植被特点的初步研究[J]. 西南林学院学报, (1): 9-17.

李早东, 胡乐奇.2014. 土壤肥料与作物栽培知识问答[M]. 北京: 中国农业出版社.

宋永昌.2001. 植被生态学[M]. 上海: 华东师范大学出版社.

佟志龙, 陈奇伯, 熊好琴, 等.2013. 磨盘山云南松林碳储量及其分配格局[J]. 四川农业大学学报, 12(4): 381-407.

汪汇海, 李德厚, 张业海, 等.2004. 元江干热河谷山地土壤资源的垂直分异特征及其合理利用[J]. 资源科学, 26(3): 123-128.

王荷生.1992. 植物区系地理[M]. 北京: 科学出版社.

王声跃, 张文.2002. 云南地理[M]. 昆明: 云南民族出版社.

王宇.2005. 云南山地气候[M] . 昆明: 云南科技出版社.

杨济达, 张志明, 沈泽昊, 等.2016. 云南干热河谷植被与环境研究进展[J]. 生物多样性, 24(4): 462-474.

喻庆国.2007. 生物多样性调查与评价[M]. 昆明: 云南科技出版社.

云南植被编写组.1987. 云南植被[M]. 北京: 科学出版社.

张荣祖.1992. 横断山区干旱河谷[M]. 北京: 科学出版社.

张志华, 王连春, 罗俊贤, 等.2011. 滇西北云南松单木生物量模型研究[J]. 山东林业科技, 41(4): 4-6.

邹国础.1965. 云贵高原土壤地理分布规律[J]. 土壤学报, 13(3):253-261.

第三部分

自然地理学研究性综合实习

第 7 章 研究性实习的工作方法

随着时代的发展，地理学已经发生了诸多的变化，涌现出了许多新的研究内容和发展趋势。然而，核心的东西始终未曾改变：①地理学始终以研究地球表层的人地关系问题为核心；②地理学始终是一门基于观察与实践的学科。因此，野外调查与实习是地理学工作者对其研究对象进行的系统观察的过程。在野外调查与实习实践过程中，我们需要去寻找和发现地理学专业领域的问题，不只是自然地理方面，也包括人文地理、地理信息科学与技术方面，更将包括其他学科的知识和内容。

7.1 研究性实习的工作思路

研究性实习不同于认知性、验证性的专业实习，是充分重视科学问题的答案的不明确性、不确定性和未知性，在不提供具体的科学答案的前提下，通过地理学的思维过程，探索寻求出科学问题的答案而进行的实习。所以研究性实习侧重于科学思维方式的形成和科研能力的提升与训练。研究性实习的工作思路，是在实习过程中，发现科学问题，运用资料和数据进行合理解释与论证，最终得到问题答案，解决实际性问题(图 7.1)。

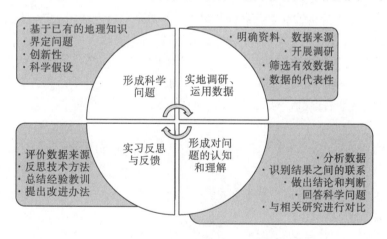

图 7.1 研究性实习的工作思路图

在回顾和梳理前人研究的基础上，提出创新性的地理学问题是研究性实习的核心和关键。这不仅需要扎实的地理学基础知识，还需要观察和发现的能力，并能够准确地界定问题的性质与研究内容，尝试用科学假设的方式来表达。

搜集数据来解决问题是研究性实习实践与实施的过程。学生需要围绕科学问题，制订数据调研的清单，确定可以获取的第一手和第二手资料，以及数据的收集渠道和调查方法，组织研究团队开展野外或实地的调研工作，最终获得具有典型性和代表性的数据资料。

通过数据分析，形成对科学问题的合理认知与理解，是研究性实习的成果收获与集成的过程。学生应在数据分析的基础上，寻找不同结果之间的逻辑联系，对分析结果进行识别、选择与判断，并结合文献阅读和实地调研所见所得，对结果进行合理解读与判断，形成对地理问题更深入的理解，并通过与相关研究的比较和讨论，得到科学问题的答案。

最后的学习反思和反馈环节是对研究性实习的总结与升华。通过对数据收集的质量、数据分析方法的运用以及实习实施过程的总结与反思，发现其中不足之处，并思考进一步提升与改进的手段和办法，或者提出新的研究问题，将经验运用到下一个研究性实习中。这样一个往复循环并螺旋式提升的过程，是研究性实习最有价值和突破的地方。

研究性实习，应具备和提升以下开展实地工作的技术和能力。

(1) 能够理解和把握地理学问题。通过大量阅读地理及相关学科的文献，梳理研究问题的理论基础和研究脉络，从而明确地理问题的特质。地理学是以地球表层空间系统为研究对象，以人地关系为研究核心，主要通过空间分布、时间变化和动因机制等角度去思考问题。

(2) 能够提出科学问题。通过比较阅读，对已有研究在数据来源、分析方法、结果的解读等方面存在的问题，如理论相悖、技术条件限制、数据分析不当、结果解读不合理等不足进行分析，从而提出科学问题。

(3) 能够有效开展野外或实地调研工作。懂得如何观察和记录野外的地理现象，并依循相关调查规程制订合理的调研方案，明确数据收集的标准和规范，能够围绕研究问题有效开展数据观察、采集工作。

(4) 合理进行数据分析的能力。掌握和运用各种数据分析方法和工具，包括 GIS、定性分析和定量分析等技术手段，对调研数据及信息进行合理的分析，得到有意义的分析结果。

(5) 从地理学视角解读数据的能力。运用已有的知识、概念、方法等，能够从地理学的视角识别、组织、理解地理信息。对野外实习的发现，以及分析结果、结论等进行分析判断，包括解读结果的价值、意义或存在的问题。

7.2　研究性实习的工作流程和方法

研究性实习的工作流程可以分为四个阶段，实习师生都可结合各个阶段的侧重点进行指导与准备(图 7.2)。

(1) 实习的前期工作准备和计划制订阶段，需要明确研究选题及具体的研究内容。

(2) 实习的技能培训和工具准备阶段。在这一阶段应制订出详细的调查工作方案，列出数据采集的基本要求、标准，以及相应的工具设备清单，并有针对性地开展仪器设备使用方法学习及规范性操作方面的培训。

(3) 具体实施实习实践和野外调研阶段。

(4) 分析、总结和评估阶段。本阶段需要对调研得到的材料数据进行实验室处理、分类整理、统计分析，对所得分析结果进行解读和判断，得出回答科学问题的主要结论，并最终形成研究报告、科学论文、图册图集、发明专利等成果形式。此外，还应对整个实习实践过程及结果的可靠性进行评价与评估，总结经验和不足，探讨可以改进的地方。

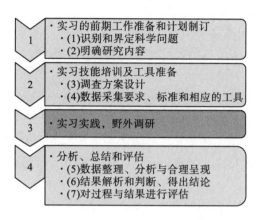

图 7.2 研究性实习的工作流程

各个阶段开展工作的方法如下。

1. 确定地理学视角的研究问题

开展研究性实习之前，首先要能够提出创新性的科学问题。自然地理环境具有区域性、整体性和综合性，其核心是理解自然地理环境及过程，同时还不可避免地涉及相关的人文、经济、社会等应用学科内容，如水文与水资源开发利用、土壤植被与农业生产、自然景观与旅游等内容。因此，围绕自然地理现象和过程，同时广泛阅读和吸纳、融合多学科的知识，来观察自然地理、人文地理、生态环境现象，从中思考和发现问题。

科学问题最初可以由教师提出选题，但应更多地鼓励学生在实习过程中根据观察和实践，结合大量的文献阅读，以及小组讨论自发地提出。可以从以下七个方面着手。

(1)区域自然地理环境的主要特点是什么？实习中发现的典型现象和问题有哪些？

(2)区域正在发生的自然地理过程或事件是什么？其现状和分布规律是怎样的？

(3)这里过去几年发生了哪些典型的变化？其未来还可能发生哪些变化？

(4)所提出的问题中，哪些是切合实际的、有操作性和可行性的，或者有可能开展工作的？

(5)通过书籍、期刊文献、网络搜索等途径，收集整理区域相关资料并进行分析，总结已经开展的类似的研究工作和主要的研究结果与结论。

(6)分析提出原创性思路、方法、模型，或者运用已有的成熟经验开展研究的可能性。

(7)确定研究的目的和目标，对其中的核心概念或地理现象进行明确定义与文字表达，并尽量将问题具体化。可将其拆解为一系列具有逻辑联系的小问题，或尝试将问题转变为可验证或可检验的研究假设、预测。

2. 制订研究计划和调研方案

研究问题及研究的目标与内容一旦确定下来，就要制订符合实际情况的研究计划和调研方案，这是顺利开展研究性实习的关键。研究计划要明确实习调研的目标、工作内容框架、人员时间的总体安排等。调研方案则是工作内容细节和执行的日程安排。实习计划制订时，可以从以下内容来准备和部署。

(1)现有条件分析。根据研究内容，梳理、评估能够支配的时间、人员、经费支持、工具设备等条件。分析团队成员的性格特点及其特长，协调成员工作时间，合理搭配与分组。

(2)调研内容筛选。梳理文献资料和已有的数据，基于已掌握的二手数据和团队现有条件，明确调研工作必须完成的内容及程度，并进行工作任务的分解与分配。

(3)调研区域与线路选择。评估在现有的条件下，可以开展哪些调查工作，哪些环境、地点适合开展调研。根据人员、交通、天气、环境等情况，选择和确定调查区域、调查线路。

(4)明确数据采集要求。根据研究内容确定数据收集的质量标准和精度、信度要求。明确是通过实验还是观察的方法收集数据，以及数据采样的指标、类型、样本数量、重复性测量等要求。并对收集数据的可行性和可能存在的问题进行评估。

(5)进行人员培训。就研究内容、目的、数据收集方法、实施工作要点等与相关人员进行说明，讨论可能出现的问题及解决方案。同时就主要仪器工具的操作与使用方法、规程等内容进行人员培训。确保实施调查时能够有效开展工作。

(6)数据表格设计和仪器工具准备。根据调研内容设计数据采集的相关表格，并尽可能进行预实验，及时调整表格设计，批量印制用于野外工作。同时列出工具清单，对照准备相应的工作仪器，并在外出前对设备进行检查、标定、调试。

3. 实地调研收集数据

数据收集的目的是回答所提出的科学问题，或者验证研究假设。通过观察获得的数据通常是定性的，一般用于描述问题，或辅助判断。定量的数据一般要通过实验或者测量获得，这类数据需要满足统计分析的基本要求，因此实验设计、仪器使用和采集人员与操作方法等都会影响数据的质量。

控制性实验通过调控和观测自变量与因变量的变化，探讨研究对象之间的关系，并通过数学模型进行统计分析，是比较直接、客观地验证研究假设的方法，但在实验操作层面有很多实际困难，特别是对于大尺度野外调查而言，往往难以开展。另外，随着计算机技术的发展，计算机模拟实验也在兴起，通过虚拟的数学模型，对自然地理环境系统的时空变化过程进行概括和模拟、预测，但必须立足于前期对自然地理过程与规律的深刻理解，如基于遥感数据的地理事件的模拟与预测就属于这一类型。自然地理学领域的很多现象和规律往往只能通过自然实验的方式进行观测，即通过在地理上分散的地点进行对某一地理事件的瞬时状态或者自然轨迹进行记录和测度，反映自然地理环境的时空变化过程与规律。不管哪一种方法，都需要在观测、处理、模拟、追随自然的基础上进行自然现象的"还原"。

开展野外调研的过程需要尽可能及时、全面、详细地记录，以便于后续的数据分析过程能够对结果进行合理的判断和理解。因此及时记录和整理野外工作日志，描述除了数据收集之外的很多背景与过程信息，有助于更充分地挖掘和利用数据。

4. 数据分析与讨论

数据分析的过程是寻找科学问题的答案的过程。因此需要充分利用数据，尽可能挖掘其中隐含的信息。数据分析过程一般分为以下四个步骤。

(1)数据资料整理：整合野外调查获得的第一手数据，以及通过其他途径和渠道获得的第二手资料，根据数据类型、特征进行归类整理，尽可能整理成便于后续分析的数据表格或者电子文档，并及时地备份、存档。对数据进行检查、校验、核对、编码、格式转化等处理，补充缺漏信息、订正错误记录，或备注特殊的情况说明。

(2)统计描述与分析：可通过统计描述对定量数据的质量、特征和总体情况、变化趋势等做初步的判断，确定适合数据样本的统计分析方法，进行统计分析和数学建模。在这个过程当中，应时常对照最初提出的研究假设(预期)。

(3)数据结果的呈现：充分利用各种统计图表、过程参数，尽可能直观地呈现数据结果。

(4)结果解释：结合野外调研过程中的观察，以及各类地理图件，对比已有研究资料，分析解读数据结果。尝试描述数据所反映的地理现象，寻找地理格局之间的联系，理解和解读地理变化过程，分析导致这些变化的可能原因，努力寻找其中的线索和证据。

5. 报告撰写和成果展示

调研报告或科技论文是常用的成果展示方式。在正式写作之前，应首先思考以下内容。①该调研报告或者研究论文的目的是什么？②对照目的确定哪些内容适于放入内容框架中。③明确报告(论文)各个部分需要撰写的内容。④收集报告(论文)所需各类信息。⑤整理素材和分析数据。⑥应该用怎样的语言和行文风格进行写作？⑦如何有效地展示数据，对图表内容进行取舍与设计，文字表述尽可能简练明确？⑧有的放矢、恰如其分地说明研究的亮点和内容。也可以同时制作 PPT 梳理思路。

6. 总结评估与反思反馈

对野外调研工作过程进行回顾和总结，对照研究内容和任务设计，评价工作的完成程度及完成情况，对未能达成目标的原因进行分析。另外，评估所收集数据的质量、分析过程中方法使用的合理性，以及研究结论的精度、信度、效度和可推广程度。反思整个研究性实习过程中的经验与收获，存在的问题及原因，可能的改进方法和方案，对后续工作的参考与建议。尽量整理成可以存档的文字或影像材料，以便下一次开展工作时借鉴。

第8章 研究性实习选题

在自然地理学经典的研究内容基础上，结合区域的实际问题，可从自然地理系统整体的背景情况、关键的地理过程与变化机制入手，分析地理环境的承载能力，特别是一些关键性地理过程的变化阈值分析，思考和发现区域面临的风险压力，探讨自然生态系统现状及其恢复能力，以及面对各种来自自然及人为因素的干扰和变化驱动下的区域系统响应与反馈机制。同时结合对区域社会、经济、文化维度的调查分析，对自然环境与资源系统的可持续性及对区域发展的支持能力进行评估。以下是一些自然地理学研究性实习选题的参考，以及可能引发思考和确定科学问题的方向建议(图8.1)。

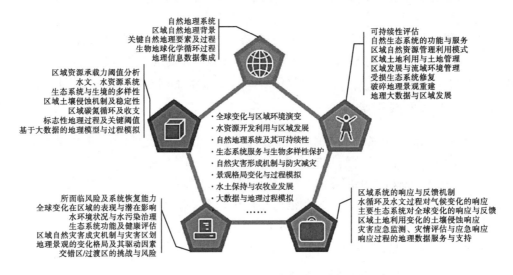

图 8.1 自然地理学研究性实习选题设计

在这个过程中，需要强调地理学研究中的实验仪器分析、区域空间分析、地理要素关联分析、人地关系分析。还要特别注意室内的地理过程模拟与传统的野外调查方法和现代 3S 技术、大数据资源等结合，运用现代化的仪器设备来观测、分析、揭示现象背后的规律。

下面以具有云南特色的系列自然地理环境问题作为例子，展示自然地理学研究性实习选题的切入视角与实习工作要点建议。

8.1 热区农业与气候适宜性区划

元江县干热河谷地带光照充足，雨量适中，年平均气温高，昼夜温差小，而且水源好，无工业污染，非常适宜蔬菜、水果和粮食的生产(韩敏和姜希睿，2019)。元江作为滇中南部最大的热区，充分开发利用热区资源，致力于热区特色农业，尤其是发展热带水果产业、冬旱蔬菜、冬季粮食等，可以凸显热区效益，促进农民增收(刘欢，2015)。

1. 地理学角度的问题分析框架

1) 区域气候的基本条件分析

(1) 农业种植需要的基本气候条件分析；
(2) 主要气候因子的时空分布格局分析；
(3) 极端气象事件的发生频率和周期分析。

2) 热作植物的生物学特性分析

(1) 选择目标植物的关键气象因子及其变化特征；
(2) 关键气象因子对目标植物的影响分析；
(3) 植物关键期生长时期的气象条件分析。

3) 热作植物种植气候适宜性区划分析

(1) 气候适宜性区划指标选择；
(2) 区划指标的空间分布格局分析；
(3) 综合分级区划；
(4) 适宜区分析与评价。

4) 热作植物种植的气象灾害分析

(1) 影响热作植物种植的主要气象灾害识别；
(2) 灾害风险分析(发生的频率、强度及影响)；
(3) 防灾减灾措施分析。

2. 实习工作要点建议

研究性实习可以针对元江河谷的气候特点，选择代表性的热带水果或蔬菜，或者经济作物，基于其生物学特性，开展特定热作植物种植的气候适宜性区划。区划研究首先要确定区划的原则和基本方法，其中指标体系的构建是关键，同时，应充分利用 GIS 技术，结合地形分析和空间分析，让区划结果具有更高精度和指导意义。

8.2 流域气候变化与河流水文响应

元江作为国际河流红河的上游，在中国 15 条最主要的国际河流中，它属于水资源丰富、互补效益好，但自然灾害危害较为严重的国际河流，其水文情势变化、水土流失、泥沙沉积变化等问题受到国际关注(任敬等，2007)。元江—红河流域属于典型的亚热带季风气候，具有明显的干湿季特征，降水量时空分布不均，对于气候变化的响应可能更为敏感。

因此，围绕红河流域在气候变化、河流水文过程、水资源管理等方面开展研究，特别是从流域尺度分析降水、气温的变化趋势及其对流域水文的影响，对于流域跨境水资源合理利用和合作管理等都有重要的意义。

1. 地理学角度的问题分析框架

1) 流域气候变化特征分析

(1) 温度格局及变化趋势分析(年均值、季节变化、周期变化、时空变化趋势)；
(2) 降水格局及变化趋势分析(年均值、季节变化、周期变化、时空变化趋势)；
(3) 气候异常现象分析(气候异常指标选择、异常特征分析与判断)。

2) 流域河流水文特征分析

(1) 径流、泥沙等主要水文要素的基本特征分析；
(2) 主要水文要素的时间变化特征(年内分配、年际间变化)；
(3) 主要水文要素的空间变化特征(流域内的空间分布差异)。

3) 河流水文变化的影响因素分析

(1) 水文变化的影响因素识别(归因分析)；
(2) 气候变化作用分析；
(3) 人类活动作用分析；
(4) 影响因素的作用程度差异分析。

4) 气候变化预测与河流水文的响应

(1) 主要气候要素的时空变化趋势和程度预测；
(2) 流域主要水文要素的变化周期和变化程度分析；
(3) 水文要素对气候要素变化的时空响应。

2. 实习工作要点建议

学生们需掌握气象、水文数据的基本收集与处理方法。可以在小组讨论的基础上，针对气候、水文数据的特点和要分析的问题，选择适当的统计分析方法。如要分析时间周期的变化，应重点学习掌握时间序列分析、谱分析、小波分析等方法。

8.3　流域开发中的地质灾害形成与防治

滑坡、山崩、泥石流、雪崩等是山区的主要自然灾害，常常给居民的生命财产和工农业生产造成巨大损失。对地质灾害开展灾害形成过程与规律等方面的基础性研究，以及地质灾害的风险评价和减灾研究，特别是对文化遗产和自然遗址地区、高社会价值区开展地质灾害研究，旨在减少破坏，避免不同类型的地质灾害发生(邓伟等，2013)。

1. 地理学角度的问题分析框架

1) 流域地质灾害形成的背景分析

(1) 基本地质条件及地质环境特征分析；
(2) 流域自然地理环境特征；
(3) 流域的人文、社会经济背景。

2) 地质灾害形成机制与分布规律

(1) 地质灾害的类型及其影响因子分析；
(2) 地质灾害的时空分布规律研究；
(3) 地质灾害与环境因子之间的关系分析。

3) 地质灾害的风险评价

(1) 评价指标选择及指标体系构建；
(2) 风险评价方法及模型构建；
(3) 风险等级划分、潜在风险评价及灾害区划；
(4) 流域开发引发的地质环境条件变化及对流域地质灾害风险的影响。

4) 地质灾害防治与减灾研究

(1) 灾害监测与活动情况模拟；
(2) 地质灾害数据库构建及灾害信息提供；
(3) 地质灾害的灾前灾后评价及减灾方案。

2. 实习工作要点建议

滑坡是其中最为常见和典型的地质灾害。哀牢山中段既是多种构造体系复合部位，又是西南三江中南段主要的有色金属成矿区，滑坡灾害严重且特点突出。可以选择典型的既具备地质灾害发生条件，又有重要的经济社会活动预期的重点流域开展工作，针对活动滑坡开展监测，收集滑坡灾害信息，重点开展地质灾害数据库建设、风险评价模型和风险评估工作。但是做地质灾害调查，要特别注意安全问题和灾害风险防范。

8.4　干热河谷地区的土壤侵蚀与治理

云南的干热河谷独具特色，同时也是我国生态最为脆弱的地区之一。由于干热河谷地区具有温度高、蒸发量大、干湿分明等特点，造成地表植被稀少，土壤侵蚀严重，是当地最为严重的生态环境问题。干热河谷的土壤理化性质、土地利用方式、水力学参数等方面因素都会对土壤侵蚀产生影响（田园等，2013）。因此，结合通用土壤侵蚀方程，针对干热河谷地区土壤侵蚀机理、土地利用演变下的土壤侵蚀效应、土壤侵蚀水力学和土壤侵蚀环境效应等问题，开展干热河谷地区土壤侵蚀的机制和环境效应研究是水土保持方面的特色选题。

1. 地理学视角的水土保持问题分析框架

1) 干热河谷地区的自然地理系统背景

(1) 云南典型的干热河谷分布;
(2) 干热河谷的自然地理环境特征(地质地貌、气候水文、土壤植被);
(3) 干热河谷地区的人文、社会经济背景。

2) 干热河谷地区的土壤侵蚀形成机制

(1) 干热河谷地区土壤侵蚀的特点;
(2) 确定引起流域土壤侵蚀的关键因素及其作用过程;
(3) 结合通用土壤侵蚀方程,分析干热河谷的土壤侵蚀现状;
(4) 尝试构建模型,解释干热河谷的土壤侵蚀过程。

3) 干热河谷地区土壤侵蚀对气候变化和土地利用变化的响应

(1) 气候变化对流域水文的影响所引起的土壤侵蚀变化;
(2) 干热河谷地区土地利用演变下的土壤侵蚀变化。

4) 研究区的土壤侵蚀治理

(1) 干热河谷土壤侵蚀及其所关联的环境影响分析;
(2) 土壤侵蚀的治理与区域生态恢复。

2. 实习工作要点建议

应注意从坡面、流域、区域三种尺度,研究干热河谷地区土壤侵蚀的影响因子、作用原理、演变规律,特别是结合模型定量表述土壤侵蚀过程。

按照研究性实习的工作流程和方法完成实习调研。首先要通过文献阅读、回顾与讨论,从上述切入视角中选择并细化拟研究的科学问题。明确核心概念和形成研究假设,并确定研究内容框架和研究计划。组建工作团队,制订野外调查或实验设计方案。实习中可根据实际情况,修订调研方案。

8.5 山地旅游开发中的生物多样性保护

山地是一个以地形地貌为主导的自然地理系统和生态复杂系统。异质生境和地貌过程形成发达的山地垂直带和镶嵌的山地景观,所造就生态复杂性是生物多样性的基础和源泉,同时特殊的生境也孕育着丰富的文化多样性。但生产落后、交通及通信不便、相对贫困是全球山地的一个共同特点和挑战。通过发展山区生态旅游,不仅可以丰富城市居民的文化生活,还可以带动山区经济的发展。在开展生态旅游的同时,如何保护好各类有形和无形的山区资源以及自然景观,特别是生物多样性及生态系统功能与服务,是山区发展的重要任务之一，也是山地区域人-地关系研究的核心内容之一(方精云等, 2004; 王根绪等, 2011)。

1. 地理学角度的问题分析框架

1)山地环境与生物多样性评估

(1)生物多样性形成的山地环境特征；
(2)生物多样性评价指标及测算；
(3)山地生物多样性的地理分布格局；
(4)生境异质性与山地生物多样性的关系。

2)山地生境变化与生物多样性响应机制

(1)气候变化及山地生物多样性的响应；
(2)土地利用变化及山地生物多样性的响应。

3)旅游资源开发及对生物多样性的影响

(1)山地旅游资源状况及发展潜力分析；
(2)旅游开发现状评价；
(3)旅游对生物多样性的影响识别及评估。

4)旅游可持续发展与生物多样性保护

(1)旅游的环境承载力分析；
(2)生物多样性承载能力分析；
(3)旅游发展与生物多样性保护权衡。

2. 实习工作要点建议

厘清生物多样性保护、山地旅游资源开发、生态环境阈值等基本概念，以及各个系统的运行机理与相关关系，可以从物种、生态系统、景观等不同层次分析旅游开发生物多样性保护的关系。注意定性与定量数据的收集与分析，以及相关测量或评价指标的计算。

8.6　地理景观格局的变化与发展

地理景观往往具有独特的生态结构与系统功能，其景观格局形成和演变关系到区域生态安全和未来的可持续发展。土地利用格局即为融合了自然与人文景观的地理景观的典型代表。分析区域的地理景观组成、结构、空间格局及景观格局与脆弱生态环境、驱动因素及其变化机制等，有助于实现对区域地理景观未来变化发展趋势的预测和调控。

1. 地理学角度的问题分析框架

1)地理景观格局变化评估

(1)地理景观类型的时空分布格局分析；

(2)基于景观格局指数的景观格局特征分析；

(3)地理景观格局的动态及演变过程分析。

2)景观格局变化的驱动机制分析

(1)景观格局变化的驱动因子识别与分析；

(2)不同驱动力下的景观格局变化机制分析；

(3)区域景观格局变化的驱动过程分析。

3)地理景观格局动态预测与影响评估

(1)预测方法与模型选择；

(2)景观格局的空间与时间格局变化分析；

(3)景观变化的潜在影响识别及评估。

4)可持续发展的地理景观规划与管理

(1)景观功能定位与评价；

(2)景观功能与景观结构的关系分析；

(3)不同目标下的景观格局规划与设计，及其对比分析。

2. 实习工作要点建议

土地覆被和土地利用变化是地理景观格局变化最为核心的研究问题。需要特别注意掌握景观生态学和地理学的基本原理和分析方法，理解景观格局的结构与功能之间的互动关系，明确主要的景观格局指数及其生态学含义。同时要掌握模型选择与构建的方法与思路，通过实地调研和多源数据分析，收集相应的数据。此外，对于引起景观格局变化的驱动因子识别及其作用的尺度差异，以及驱动力因子的贡献的量化，驱动作用过程的模型模拟(邵景安等 2007)，都要求学生对地理学基本理论掌握和技术运用达到较高层次。这些都是选题要解决的难点。

主要参考文献

邓伟, 熊永兰, 赵纪东, 等. 2013. 国际山地研究计划的启示[J]. 山地学报, 31(3):377-384.

方精云, 崔海亭, 沈泽昊. 2004. 试论山地的生态特征及山地生态学的研究内容[J]. 生物多样性, 12(1):10-19.

韩敏, 姜希睿. 2019. 元江县火龙果种植气候适宜性区划与气象灾害分析[J]. 安徽农业科学, 47(7): 233-236, 239.

李瑜琴, 卢玉洁, 张东宁. 2016. 大数据背景下高校自然地理学野外实习模式探索与实践[J]. 地理教学, (10): 18-21.

刘欢. 2015. 元江热带水果产业发展研究[J]. 当代经济, 389(29): 42-43.

刘佳旭, 李九一, 李丽娟, 等. 2018. 基于降水数据的云南省近 61 年旱涝特性研究[J]. 热带气象学报, 34(1): 68-77.

潘玉君, 武友德, 明庆忠. 2005. 地理野外研究性实习的初步探讨[J]. 中国大学教学, (2): 51-52.

任敬, 何大明, 傅开道, 等. 2007. 气候变化与人类活动驱动下的元江-红河流域泥沙变化[J]. 科学通报, 52(S2): 142-147.

邵景安, 李阳兵, 魏朝富, 等. 2007. 区域土地利用变化驱动力研究前景展望[J]. 地球科学进展, 22(8):798-809.

田园, 王静, 胡燕. 2013. 我国干热河谷地区土壤侵蚀研究进展[J]. 中国水土保持, (6):51-54.

王根绪, 邓伟, 杨燕, 等. 2011. 山地生态学的研究进展、重点领域与趋势[J]. 山地学报, 29(2):129-140.

肖显静. 2018. 生态学实验实在论: 如何获得真实的实验结果[M]. 北京: 科学出版社.

尤卫红, 何大明, 段长春. 2005. 云南纵向岭谷地区气候变化对河流径流量的影响[J]. 地理学报, (1): 94-104.

张万诚, 郑建萌, 万云霞. 2014. 气候变化背景下低纬高原地区水资源的分布及其变化[M]. 北京: 气象出版社.

附　　录

附 1.1　地质地貌实习的观测与记录图表

1)地形地质图判读

工具：野外记录簿、地形地质图、三角板、量角器。

实习点：①元江红河大桥。

主要知识点：地形地质图判读。

实习内容：结合元江地形地质图进行实地观察，认识实习区内的地形特征、岩层产状和地层时代。绘制剖面线 A-B 的地形地质剖面图。

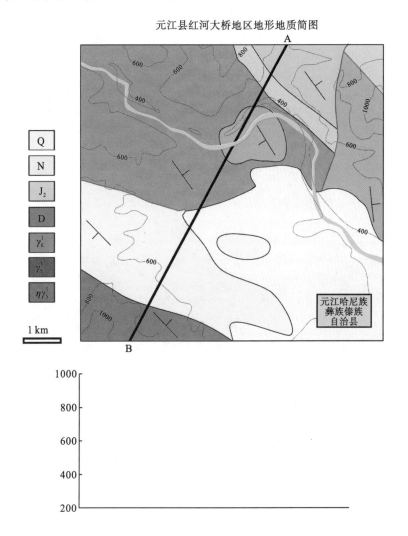

元江县红河大桥地区地形地质简图

2)岩石观察与鉴定

工具：野外记录簿、GPS、地质锤、手持放大镜。

实习点：③大开门—新平沿途、④新平花山公园、⑤新平磨盘山。

主要知识点：岩石观察与鉴定。

实习内容：观察实习区出露的岩石，使用地质锤敲取岩石的新鲜面，鉴定其类型并描述命名。

颜色	结构	构造	碎屑			胶结物成分	综合命名
			大小	形状（磨圆）	成分		

3)风化作用观测

工具：野外记录簿、GPS。

实习点：③大开门—新平沿途、⑤新平磨盘山。

主要知识点：风化作用。

实习内容：根据图片内容寻找实习区内的风化现象和产物，分析其形成原因。

	风化类型： 形成原因：
	风化类型： 形成原因：

4) 河流发育与地质构造的关系

工具：野外记录簿、GPS。

实习点：①元江红河大桥、③大开门—新平沿途、④新平花山公园、⑤新平磨盘山。

主要知识点：河流剥蚀、搬运、沉积作用；构造运动在地貌上的表现。

实习内容：（1）"V"字形河谷、河流阶地和深切河曲。

在实习点①元江红河大桥观察红河流域地貌，结合元江县红河流域地形图，说明红河流域地貌类型，有哪些地质作用参与，分析形成原因。

地貌类型：

地质作用：

形成原因：

实习内容：(2)冲积扇、侵蚀堆积河谷盆地。
　　在实习点④新平花山公园俯瞰新平县城，结合新平县城地形图，观察磨盘山脚第四纪泥石流堆积物和残积层，说明地形图上显示了哪些地貌类型，其形成原因、分布与发育特点是什么，居民点和道路是如何分布的。

地貌类型：

形成原因、分布与发育特点：

居民点和道路分布特点及原因：

实习内容：(3)河曲的发育

在实习点③大开门—新平沿途、⑤新平磨盘山观察下图所示现代河流的河道，分析其特征及发育过程，寻找河流沉积作用的产物，并分析其与农田分布的关系。

河曲发育过程：

河流沉积产物：

与农田分布关系：

实习内容：(4)河道的发育与泥石流活动。

在实习点③大开门—新平沿途寻找如下图所示地层露头，观察露头特征，分析其代表什么地质现象，地质历史中发生什么地质事件。

地层、岩性特征：

地质现象与事件：

5)地质体间重要接触关系(构造运动在地层中的表现)

工具:野外记录簿、GPS、地质罗盘、地质锤、手持放大镜。

实习点:③大开门—新平沿途、④新平花山公园、⑤新平磨盘山。

主要知识点:地质体间重要接触关系(构造运动在地层中的表现);地质罗盘的构造与使用;信手地质剖面图的绘制。

主要出露地层:中生界侏罗系中统地层,包括妥甸组(J_2t)、蛇店组(J_2s)、张河组(J_2z)等。妥甸组(J_2t)出露于新平县城附近(花山公园出露该地层),上部为泥质岩夹泥灰岩;下部为泥质岩夹砂岩。蛇店组(J_2s)地层是磨盘山附近的主要地层,为厚层块状石英砂岩,长石石英砂岩与泥质岩互层。张河组(J_2z)出露于磨盘山东侧,上部为泥质岩夹砂岩、泥灰岩;下部为泥质岩和细砂岩不等厚互层。

实习内容:根据图片线索寻找实习区内的地层露头,分析其接触关系,测量岩层产状,并作信手地质剖面图。

GPS: GPS:

接触关系: 接触关系:

产状: 产状:

信手地质剖面图: 信手地质剖面图:

6）节理观察与测量

工具：野外记录簿、GPS、地质罗盘、地质锤、手持放大镜。

实习点：③大开门—新平沿途、④新平花山公园、⑤新平磨盘山。

主要知识点：构造运动引起的岩石变形；地质罗盘的构造与使用。

实习内容：根据图片线索在实习区内寻找节理现象，分析其发育情况，并测量产状。

GPS：

节理发育：

节理产状：

7）土林观察

工具：野外记录簿、GPS。

实习点：②元江—大开门沿途。

主要知识点：风化作用；河流剥蚀、搬运、沉积作用。

实习内容：土林是一种土状堆积物塑造的、成群的柱状地貌。注意观察元江至大开门公路沿途分布的土林地貌，分析其形成的位置和原因。

土林形成位置：

土林形成原因：

土林柱体植被情况及其原因：

8）重力地质作用

工具：野外记录簿、GPS。

实习点：⑤新平磨盘山

主要知识点：重力地质作用。

实习内容：根据图片线索在实习区内寻找崩塌作用、潜移作用的证据，分析其产生的原因。结合岩层的产状和坡度、坡向的关系，分析磨盘山边坡的稳定性及对公路的影响。

GPS：

崩塌作用产物：

形成原因：

GPS：

潜移作用产物：

形成原因：

磨盘山边坡的稳定性及对公路的影响：

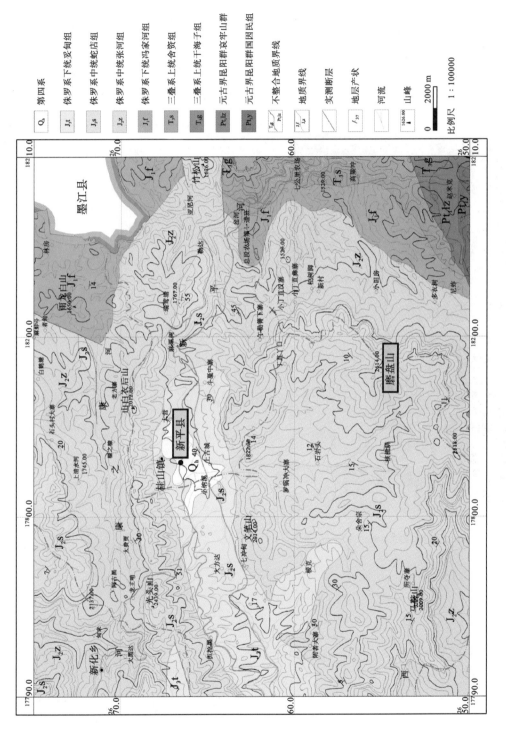

图例

- Q$_h$ 第四系
- J$_3$t 侏罗系下统安甸组
- J$_2$s 侏罗系中统蛇店组
- J$_2$z 侏罗系中统张河组
- J$_1$f 侏罗系下统冯家河组
- T$_3$s 三叠系上统冯家河组
- T$_2$g 三叠系上统干海子组
- Pt$_1$lz 元古界昆阳群鹅头山群
- Pt$_1$y 元古界昆阳群国因民组
- T$_3$s/Pt$_1$lz 不整合地质界线
- J$_1$f/J$_2$z 地质界线
- 实测断层
- l$_{37}$ 地层产状
- 河流
- 1626.00 山峰

比例尺 1:100000

0   2000 m

附图 1.1 新平县磨盘山地区地形地质图

附 1.2 气象水文实习的观测与记录图表

附表 1.1 风力等级表（GB/T 28591—2012）

风力等级	海面状况 海浪高/m		海岸船只征象	陆地地面物征象	相当于空旷平地上标准高度 10m 处的风速		
	一般	最高			范围 (m/s)	km/h	mile[①]/h
0	—	—	静	静，烟直上	0.1～0.2	< 1	< 1
1	0.1	0.1	平常渔船略觉摇动	烟能表示风向，但风向标不能动	0.3～1.5	15	1～3
2	0.2	0.3	渔船张帆时，每小时可随风移行 2～3km	人面感觉有风，树叶有微响，风向标能转动	1.6～3.3	6～11	4～6
3	0.6	1.0	渔船渐觉颠动，每小时可随风移行 5～6km	树枝及微枝摇动不息，旌旗展开	3.4～5.4	12～19	7～10
4	1.0	1.5	渔船满帆时，可是渔船倾于一侧	能吹起地面灰尘和纸张，树枝摇动	5.5～7.9	20～28	11～16
5	2.0	2.5	渔船缩帆（即收去帆之一部分）	有叶的小树摇摆，内陆的水面有水波	8.0～10.7	29～38	17～21
6	3.0	4.0	渔船加倍缩帆，捕鱼需注意风险	大树枝摇动，电线呼呼有声，举伞困难	10.8 - 13.8	39～49	22～27
7	4.0	5.5	渔船停泊港中，在海者下锚	全树摇动，迎风步行感觉不变	13.9～17.1	50～61	28～33
8	5.5	7.5	进港的渔船皆停留不出	微枝拆毁，人向前行，感觉阻力甚大	17.2～20.7	62～74	34～40
9	7.0	10.0	汽船航行困难	建筑物有小损（烟囱顶部及平屋动摇）	20.8～24.4	75～88	41～47
10	9.0	12.5	汽船航行颇危险	陆上少见，见时可使树木拔起或建筑物损坏严重	24.5～28.4	89～102	48～55
11	11.5	16.0	汽船遇之极危险	陆上很少见，有则必有广泛损坏	28.5～32.6	103～117	56～63
12	14.0	—	海浪滔天	陆上绝少见，摧毁力极大	32.7～36.9	118～133	64～71
13	—	—	—	—	37.0～41.4	134～149	72～80
14	—	—	—	—	41.5～46.1	150～166	81～89
15	—	—	—	—	46.2～50.9	167～183	90～99
16	—	—	—	—	51.0～56.0	184～201	100～108
17	—	—	—	—	56.1～61.2	202～220	109～118

① 1mile=1.609344km。

附表 1.2　降水强度等级划分标准表（气象局）

降水强度等级	24h 降水总量/mm	12h 降水总量/mm
小雨、阵雨	0.1～9.9	≤4.9
小雨—中雨	5.0～16.9	3.0～9.9
中雨	10.0～24.9	5.0～14.9
中雨—大雨	17.0～37.9	10.0～22.9
大雨	25.0～49.9	15.0～29.9
大雨—暴雨	33.0～74.9	23.0～49.9
暴雨	50.0～99.9	30.0～69.9
暴雨—大暴雨	75.0～174.9	50.0～104.9
大暴雨	100.0～249.9	70.0～139.9
大暴雨—特大暴雨	175.0～299.9	105.0～169.9
特大暴雨	≥250.0	≥140.0

附图 1.2　气象观测场

附 1.3 植物地理与土壤地理实习的观测与记录图表

附图 1.3 元江干热河谷植被(黄晓霞 摄)

附图 1.4 磨盘山中山湿性常绿阔叶林全貌(黄晓霞 摄)

附图 1.5 山顶杜鹃矮林（黄晓霞 摄）

附图 1.6 磨盘山山顶草甸植被（摘自 www.gaoguluo.com）

附图 1.7 初育土剖面（磨盘山）

附图 1.8 山地黄壤剖面（磨盘山）

附图 1.9 山地黄棕壤剖面(磨盘山)   附图 1.10 山地草甸土剖面(磨盘山)

附表 1.3 植物群落调查表(基本信息和优势植物调查)

样方编号			群落类型			样方面积	
调查地点							
详细情况							
纬度			地形		()山地()洼地()丘陵()平原()高原		
经度			坡位		()谷地()下部()中下部()中部		
海拔					()中上部()山顶()山脊		
坡向			森林起源		()原始林()次生林()人工林		
坡度			干扰程度		()无干扰()轻微()中度()强度		
土壤类型			林龄				
垂直结构	层高(m)	盖度(%)	优势种				群落剖面图 (可手绘素描 或照片):
乔木层							
亚乔木层							
灌木层							
草本层							
调查人							
记录人		调查日期					

乔木层调查表			调查人：			调查日期：	
小样方号	树种	株数	平均树高(m)	平均胸径(cm)	郁闭度(%)	健康状况	备注

灌木层调查表			调查人：			调查日期：	
小样方号	树种	基径(cm)	平均高(cm)	盖度(%)	株数/丛数	备注	

草本层调查表		调查人：		调查日期：	
小样方号	物种	盖度(%)	平均高度(cm)	多度	备注

注：1. 调查灌木样方时，记录每丛(株)的种名、平均基径、平均高、株数。

2. 调查草本样方时，记录每个种的盖度、平均高、多度。按德氏多度等级记载多度：极多－soc，很多－cop3，多－cop2，尚多－cop1，不多－sp，稀少－sol，仅 1 株－un。

3. 出现在大样方、但是未出现在上述灌木层、草本层样方中的物种，仅记录其物种名。

附表 1.4　群落调查记录表(详细的植物群落组成调查)

乔木层调查表			调查人：			调查日期：	
小样方号	树种	株数	平均树高(m)	平均胸径(cm)	郁闭度(%)	健康状况	备注

灌木层调查表			调查人：			调查日期：	
小样方号	树种	基径(cm)	平均高(cm)	盖度(%)	株数/丛数	备注	

草本层调查表		调查人：		调查日期：	
小样方号	物种	盖度/%	平均高度(cm)	多度	备注

注：1. 调查灌木样方时，记录每丛(株)的种名、平均基径、平均高、株数。

2. 调查草本样方时，记录每个种的盖度、平均高、多度。按德氏多度等级记载多度：极多－soc，很多－cop3，多－cop2，尚多－cop1，不多－sp，稀少－sol，仅 1 株－un。

3. 出现在大样方、但是未出现在上述灌木层、草本层样方中的物种，仅记录其物种名。

附表1.5 土壤剖面观察记录表

调查人：_____ 调查时间：___/___/___ 天气情况：_____

调查地点：_____

剖面编号		土壤名称		植被类型	
海拔(m)		纬度		经度	
坡度(°)		坡向		地形部位	
地下水位(m)		侵蚀情况		土地利用现状	
成土母质		残积物() 坡积物() 冲积物() 洪积物() 湖积物() 滨海沉积物() 风积物() 黄土() 冰碛物()			

土壤特征及周围环境状况描述：

剖面示意图		发生层	颜色	质地	结构	松紧度	干湿度	孔隙度	根系	砾石状况	新生体	侵入体	石灰反应
	cm												
	cm												
	cm												
	cm												
	cm												
	cm												

附表1.6 植物群落与土壤类型的垂直地带性分布规律调查记录表

调查人：_____ 日期：_____/_____/_____

海拔		m	m	m	m	m	m
植被类型							
群落名称							
优势种	乔						
	灌						
	草						
坡向							
坡度							
土壤类型							
人为干扰							
其他/备注							

附表 1.7　云南松二元立木材积表

H(m) / V(m³)

D(cm)	3	4	5	6	7	8	9	10	12	14	16	18	20	22	24	26	28	30
6	0.0071	0.0087	0.0102	0.0117	0.0131	0.0146	0.0160	0.0175	0.0205									
8	0.0122	0.0150	0.0177	0.0202	0.0228	0.0253	0.0279	0.0304	0.0357	0.0411								
10			0.0277	0.0310	0.0349	0.0389	0.0428	0.0467	0.0548	0.0631	0.0718	0.0809						
12			0.0380	0.0438	0.0494	0.0550	0.0607	0.0663	0.0778	0.0897	0.1020	0.1150						
14				0.0585	0.0661	0.0737	0.0813	0.0890	0.1045	0.1206	0.1373	0.1548	0.1732					
16					0.0849	0.0948	0.1047	0.1147	0.1349	0.1558	0.1775	0.2003	0.2242	0.2495				
18					0.1057	0.1182	0.1307	0.1433	0.1688	0.1952	0.2226	0.2513	0.2815	0.3133				
20							0.1591	0.1746	0.2061	0.2386	0.2724	0.3078	0.3449	0.3841	0.4256			
22							0.1898	0.2086	0.2467	0.2860	0.3269	0.3696	0.4145	0.4618	0.5119			
24							0.2228	0.2450	0.2904	0.3372	0.3858	0.4367	0.4901	0.5464	0.6059	0.6689		
26								0.2839	0.3371	0.3920	0.4491	0.5088	0.5715	0.6376	0.7074	0.7814		
28								0.3249	0.3866	0.4503	0.5166	0.5859	0.6587	0.7354	0.8165	0.9023	0.9932	
30									0.4388	0.5120	0.5882	0.6679	0.7516	0.8398	0.9329	1.0315	1.1360	1.2470

附表 1.8 华山松二元立木材积表

D(cm)	\ H(m) 3	4	5	6	7	8	9	10	12	14	16	18	20	22	24	26	28	30
									V(m³)									
6	0.0074	0.0088	0.0101	0.0114	0.0126	0.0139	0.0152	0.0165	0.0193									
8	0.0129	0.0154	0.0177	0.0200	0.0222	0.0245	0.0268	0.0291	0.0339	0.0391								
10		0.0235	0.0272	0.0307	0.0343	0.0378	0.0413	0.0450	0.0525	0.0606	0.0692							
12			0.0383	0.0435	0.0486	0.0537	0.0588	0.0641	0.0749	0.0864	0.0988	0.1123						
14				0.0580	0.0650	0.0720	0.0790	0.0861	0.1009	0.1166	0.1334	0.1516	0.1714					
16					0.0833	0.0925	0.1017	0.1110	0.1304	0.1509	0.1729	0.1966	0.2222	0.2502				
18					0.1033	0.1149	0.1267	0.1386	0.1631	0.1892	0.2170	0.2469	0.2794	0.3147				
20						0.1392	0.1537	0.1685	0.1989	0.2311	0.2655	0.3025	0.3426	0.3861	0.4335			
22						0.1651	0.1826	0.2005	0.2375	0.2765	0.3138	0.3651	0.4116	0.4642	0.5215	0.5841		
24						0.1923	0.2132	0.2345	0.2786	0.3252	0.3750	0.4285	0.4862	0.5489	0.6171	0.6915		
26							0.2452	0.2703	0.3221	0.3769	0.4355	0.4984	0.5663	0.6400	0.7201	0.8074	0.9028	
28								0.3075	0.3677	0.4314	0.4994	0.5725	0.6515	0.7371	0.8301	0.9315	1.0422	1.1632
30								0.3460	0.4151	0.4883	0.5666	0.6507	0.7415	0.8399	0.9469	1.0635	1.1907	1.3297